Martin Gayer

Der Wandel des Wasserkreislaufs und die Gesundheit des Menschen

GRIN Verlag

Bibliografische Information der Deutschen Nationalbibliothek:

Die Deutsche Bibliothek verzeichnet diese Publikation in der Deutschen Nationalbibliografie; detaillierte bibliografische Daten sind im Internet über http://dnb.d-nb.de/ abrufbar.

Impressum:

Druck und Bindung: Books on Demand GmbH, Norderstedt Germany
ISBN: 978-3-640-15572-9

Dieses Buch bei GRIN:

http://www.grin.com/de/e-book/114136/der-wandel-des-wasserkreislaufs-und-die-gesundheit-des-menschen

Albert-Ludwigs-Universität Freiburg
Institut für Physische Geographie
Hauptseminar: Global Environmental Change and Health
Sommersemester 2006

Der Wandel des Wasserkreislaufs und die Gesundheit des Menschen

Martin Gayer
HF: Geographie NF: Geologie, Meteorologie
Fachsemester: 6

Inhalt:

1. Einleitung

Der globale Wandel des Wasserkreislaufes und seine Auswirkungen auf die Gesundheit der Menschen soll in dieser Arbeit anhand der klimatischen und anthropogen verursachten Veränderungen aufgezeigt werden. Dabei wird Wert auf Internationalität und Interdisziplinarität gelegt. Es gibt verschiedene Ursachen von Verunreinigungen und Gefahren rund um das Wasser. Für unterschiedliche geographische Lagen und sozio-ökonomische Umstände sind diese jeweils differenziert zu betrachten. Generell kann man die Problematik in die der Industriestaaten und die der so genannten Entwicklungsländer einteilen. Anhand von Fallbeispielen sollen diese Problemlagen aufgezeigt werden, wobei den gesundheitlichen Risiken ein besonderes Interesse gilt.

1.1 Übersicht des globalen Wasserkreislaufes

Der Kreislauf des Wassers ist das Lebenselixier des Planeten Erde. Wasser kommt in allen Aggregatszuständen vor und beeinflusst mit seinen Eigenschaften das Leben und Sterben fast aller Organismen. Im gasförmigen Zustand ist es ein wesentlicher Bestandteil der Atmosphäre und mitentscheidend für deren Strahlungseigenschaften. In flüssiger Form bildet es die ozeanischen sowie terrestrischen Wasservorkommen und in festem Zustand die Kryosphäre. Wasser schafft - mit seiner Fähigkeit Wärme zu speichern und seinen Phasenwechseln - den Ausgleich des Wärmehaushaltes der Erde. Diese Eigenschaften und der natürliche Treibhauseffekt des Wasserdampfes in der Atmosphäre generiert eine globale Mitteltemperatur von 15°C anstatt -18°C. Das Wasserangebot entscheidet über den Vegetationsbestand und seine Fähigkeit Mineralstoffe zu lösen sorgt für die nötige Nährstoffaufnahme der Pflanzen. Der Mensch besteht zu ca. 65% aus Wasser und benötigt es zum täglichen Überleben wie kein anderes Gut dieser Welt. [1]

Der quantitative Umlauf des Wassers wird allgemein in Km^3 angegeben, wobei ein Km^3 dem Gewicht von 10^9 Tonnen entspricht. Insgesamt wird das Wasservorkommen der Erde auf ca. 1.400.000.000 Km^3 geschätzt. Davon sind 97.5% Salzwasser und nur 2.5% Süßwasser. Der Löwenanteil (68.7%) des

[1] vgl. Klaus, D. (2000:S.27)

Süßwassers ist an den Polen und im Gletschereis gespeichert. Das Grundwasser macht noch ca. 30% aus, danach kommen die relativ kleinen Reserven in Form von Süßwasserseen (0.26%), Sümpfen Mooren (0.03%) und Flüssen (0.006%) und der Anteil, der in Organismen und in der Atmosphäre (0.003%) gespeichert ist (siehe Graphik 1).

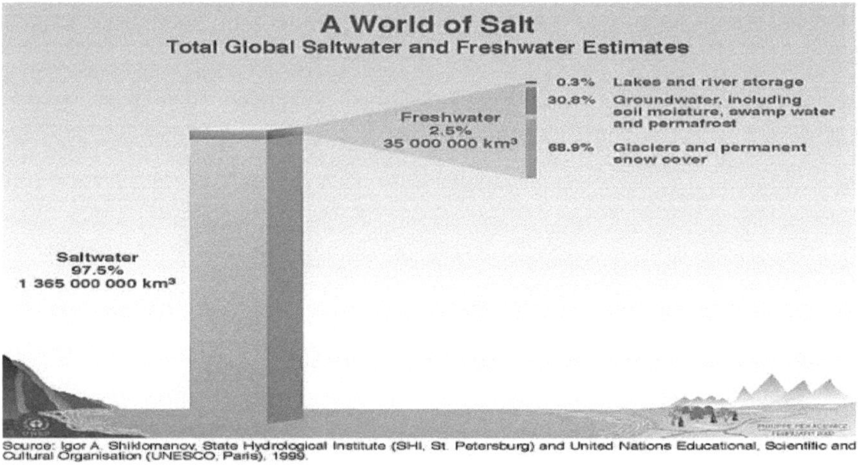

Graphik 1. zur Verdeutlichung des Verhältnisses von Salz- und Süßwasser.[2]

Der globale Kreislauf des Wassers wird in der Fachliteratur mit immensen Unterschieden angegeben. So schätzte zum Beispiel Strahler 1964 den globalen mittleren Niederschlag auf 784 mm/Jahr und die UNESCO 1978 auf 1130 mm/Jahr. Nach Klaus (2000), der sich auf die Angaben von Baumgartner et al. (1996) bezieht, fallen im Mittel 1004 mm/Jahr. Dieser Wert fließt in das Modell des globalen Wasserkreislaufs ein, gemäß dem den Ozeanen jährlich 450.000 Km^3 Wasser durch Evaporation entzogen werden. 405.000 Km^3 werden in Form von Niederschlägen, die restlichen 45.000 Km^3 durch den terrestrischen Abfluss in die Meere zurückgeführt. Über den Landflächen verdunsten 62.000 Km^3, weitere 45.000 Km^3 kommen durch Advektion von den Ozeanen hinzu. Diese 107.000 Km^3 gehen als Niederschlag über den Kontinenten ab. Es ergibt sich eine einfache Wasserhaushaltsgleichung, die zwischen Niederschlag und Verdunstung eine ausgeglichene Bilanz aufweist. Die Angaben über den Wasserumfang und seine Zirkulation basieren auf einer Vielzahl von Annahmen und Unsicherheiten. Die

[2] Quelle: http://www.unep.org/vitalwater/01.htm (29.04.06)

Veränderungen der großen Wasserspeicher (Eis und Grundwasser) durch klimatische und anthropogene Einwirkungen bleiben bei diesem Modell unberücksichtigt.[3]

1.2 Einfluss des Klimawandels auf den Wasserkreislauf

Auswirkungen des Klimawandels auf Fließgewässer und die Grundwassereinspeisung schwanken je nach verwendetem Klimaszenario. Den größten Einfluss auf die Wasserressourcen haben die Niederschläge. Das International Panel on Climate Change (IPCC) geht bis 2050 mit einer hohen (67-97%) Wahrscheinlichkeit von einer Zunahme des Abflusses durch höhere Niederschläge in den hohen Breiten sowie in Süd-Ost-Asien und einem Rückgang in Zentral Asien, im mediterranen Raum, Südafrika und Australien aus. Für die mittleren Breiten ist keine klare Aussage möglich, da sich die verschiedenen Szenarien für Niederschlag und Verdunstung zu sehr unterscheiden (siehe auch Karte 1 im Anhang). Der Rückgang der Gletscher und das Verschwinden kleiner Gletscher weltweit ist in den nächsten Jahrzehnten laut IPCC als sicher anzunehmen. Höhere Verdunstungsraten werden eine Intensivierung der Bewässerung von Nutzpflanzen und somit einen höheren Wasserverbrauch zur Folge haben. Ob diese steigende Wasserentnahme durch steigende Niederschläge ausgeglichen wird, ist nicht sicher. Die zunehmende Häufigkeit von Starkniederschlägen, welche als wahrscheinlich gilt (IPCC 2001), erhöht die Gefahr von Überschwemmungen und die Häufung ausgeprägter Hoch- und Niedrigwasserperioden. Allgemein sinkt die Wasserqualität mit steigender Temperaturzunahme und geringerem Abfluss in den Niedrigwasserzeiten. Erhöhter Abfluss hingegen verdünnt das Wasser und kann die Qualität anheben. In Gebieten, in denen winterlicher Schneefall einen hohen Anteil an der Wasserbilanz hat, kann es zu vermehrten Regenfällen kommen und zu einer Verschiebung der Abflussspitzen vom Frühjahr hin zum Winter. Nicht oder nicht nachhaltig bewirtschaftete Flächen mit fehlendem Wassermanagement können besonders von den veränderten Umständen betroffen sein. Oft fehlen Maßnahmen zur Überbrückung von Engpässen, wechselndem Bedarf oder zur Einflussnahme auf die Qualität des Wassers. Zurzeit sind generell die Maßnahmen zum Management des Wasserangebots (Hochwasserschutz, Dämme, Rückhaltebecken,

[3] vgl. Klaus, D.(2000:S.30ff.)

Wasserspeicher usw.) verbreiteter als die zur Kontrolle der Nachfrage nach Wasser. Letzteres wird vor allem in den nächsten Jahren, insbesondere in Schwellen- und Entwicklungsländern, eines der Kernprobleme der Menschheit werden.[4] In verschiedenen globalen Klimamodellen gibt es drei gemeinsame Trends, die sich laut IPCC mit großer Wahrscheinlichkeit in die nächsten Jahrzehnte fortsetzen werden. Die Lebensbedingungen der Regionen mit unzureichender Wasserversorgung (in Zentralasien, im Mittelmeerraum, im südlichen Afrika und in Australien) werden sich verschlechtern, aber auch teilweise verbessern (höhere Breiten und in Südostasien). Klimatische Extremereignisse wie Überschwemmungen und Dürren werden zu- und die Wasserqualität wird abnehmen.[5]

1.3 Anthropogene Eingriffe in den terrestrischen Wasserkreislauf

Die terrestrische Komponente des Wasserkreislaufs ist am stärksten durch den Menschen geändert worden. Der Haupteingriff in das hydrologische System begann vor ca. 4000 Jahren durch den Ackerbau und die damit verbundenen Bewässerungsanlagen. Im 20. Jahrhundert wurden auch die Einflüsse durch den häuslichen und vor allem den industriellen Gebrauch immer größer. In den letzten 50 Jahren hat die anthropogene Nutzung die natürlichen Einflüsse auf das aquatische System in vielen Gebieten der Erde überstiegen. Staudämme, Wasserumleitungen und Wasserreservoirs haben immer mehr an Größe und Verbreitung zugenommen. Weltweit sind 45.000 Staudämme über 15m Höhe und tausende kleinerer Dämme registriert. In der nördlichen Hemisphäre sind nur noch 23% des Abflusses der größten Gewässer von Staumaßnahmen unberührt. Von 1940 bis 1990 hat sich die Wasserentnahme durch den Menschen vervierfacht. Global werden jährlich 16.000 Km^3 des Wasserabflusses durch Dammbauten abgefangen, was ungefähr 40% des Abflussregimes in die Weltmeere gleichkommt.[6]
Nicht unerwähnt darf in diesem Kontext die Abpumpung des Grundwassers bleiben. : Schätzungen zufolge übersteigt die weltweite Entnahme hauptsächlich zu Bewässerungszwecken die Grundwassererneuerung jährlich um 160 Km^3. Das

[4] vgl. Steffen et al (2003:S.221) & Bericht der Arbeitsgruppe II IPCC 2001
[5] vgl. Steffen et al.(2003:S.222) & Bericht der Arbeitsgruppe II IPCC 2001
[6] vgl. Steffen et al (2003:S.111ff.)

entspricht ca. der doppelten jährlichen Abflussmenge des Nils. Landabsenkung und Einsickerung von Salzwasser in Küstennähe sind die Folgen.[7]
Wasser, das bis zu 2000m tief unter der Erde lagert, wird als fossiles Grundwasser bezeichnet. Schätzungen gehen von 23.4 Millionen Km^3 mit einem Anteil von 45% Süßwasser aus. Diese Lagerstätten bildeten sich in früheren geologischen Zeiten unter gänzlich anderen klimatischen Einflüssen. Dieses Wasser nimmt dynamisch nicht mehr oder nur sehr langsam am hydrologischen Kreislauf teil. Heute werden diese Speicher für die Bewässerung arider und semi-arider Gebiete abgepumpt. Je tiefer die wasserstauende Schicht liegt, desto länger benötigt eine Wiederauffüllung dieser Reservoire. Experten gehen von einer Versickerungsrate um ca. 0.1-1000m/Jahr und ab 2000m Tiefe um ca. 0.0001-0.1m/Jahr aus. Wird ein fossiler Grundwasserspeicher entleert, dauert es viele tausend Jahre, bis er wieder gefüllt ist. Eine überhöhte Entnahme von Grundwasser findet zurzeit am Ogallala Aquifer in den USA und am Disi Aquifer in Jordanien sowie in Saudi Arabien statt. Eine extensive Abpumpung von fossilem Grundwasser ist in Libyen, Jemen, Indien und Teilen Süd-Ost-Asiens zu Gange. Viele weitere agrarische Anbaugebiete hängen derzeit von der Nutzung dieser Bewässerungstechniken ab. Aufgrund der fehlenden Nachhaltigkeit wird die unsichere Basis der Ernährung der Weltbevölkerung ersichtlich.[8]

2. Auswirkungen auf die Gesundheit durch Wassermangel

Der Mangel an Wasser kann unter verschiedenen Gesichtspunkten als Gesundheitsbedrohung betrachtet werden. Quantitativer oder qualitativer Mangel an verfügbarem und geeignetem Süßwasser für die Befriedigung menschlicher Bedürfnisse wie Trinken, Waschen und Bewässern stehen an vorderster Stelle. Einen weiteren Punkt stellt die Gefahr von Naturkatastrophen, die mit Wasser in Verbindung stehen, dar (z.B. Überschwemmungen). Diese Aspekte werden im weiteren Verlauf hinsichtlich ihrer Entstehung und Auswirkungen auf die Gesundheit aufgezeigt.

[7] vgl. Steffen et al (2003:S.113) & vgl. Wolff, P (2003:S.3)
[8] vgl. Wissenschaftlicher Beirat der Bundesregierung: Globale Umweltveränderungen (1997:S.74/122) & Klaus, D. (2000:S.113) & vgl. Wolff, P. (2003:S.2)

2.1 Wasserstress

Während der nächsten Jahrzehnte werden anthropogene Eingriffe in das aquatische System weiterhin zunehmen. Hauptgründe hierfür sind die wachsende Erdbevölkerung, das Missmanagement des Wassers und der dadurch steigende Wasserbedarf. Die Verletzlichkeit der Erdbevölkerung in Bezug auf den Zugang zu sauberem Trinkwasser stellt schon gegenwärtig eine inakzeptable Situation dar. Nach Vörösmarty (2000) leben cirka 1,75 Milliarden Menschen in Ländern mit unzureichender Trinkwasserversorgung (severe water stress) und über 2 Milliarden Menschen mit mäßiger bis unzureichender Trinkwasserversorgung (moderate bis severe water stress).[9]. Wann ein Wassermangel besteht, wird in der Fachliteratur unterschiedlich bewertet. Der Wissenschaftliche Beirat der Bundesregierung definiert es folgendermaßen: *„Von periodischer oder regelmäßiger Wasserknappheit, bei der nur gelegentlich oder lokal Wasserprobleme auftreten, spricht man dann, wenn zwischen 1.000 und 1.666 m³ erneuerbaren Süßwassers pro Person und Jahr zur Verfügung stehen. Chronischer Wassermangel herrscht, wenn weniger als 1.000 m³ Süßwasser verfügbar sind, weil dann die menschliche Gesundheit und die wirtschaftliche Entwicklung beeinträchtigt werden. Können weniger als 500 m³ Süßwasser pro Person und Jahr genutzt werden, ist von absolutem Wassermangel die Rede. Diese drei Begriffe kennzeichnen zwar sinnvolle Versuche, Grenzwerte für die Bewertung der Wasserkrise auf der Basis der Wasserverfügbarkeit je Einwohner einzuführen. Allerdings können sie nur grobe Anhaltspunkte geben und nicht als exakte Grenzwerte mit weltweiter Aussagekraft gelten."* Die Weltbank erkennt die 1.000 m³-Grenze als einen Indikator für Wassermangel an.[10] Die Karte des World Ressources Institute (WRI) im Textanhang (2.) stellt die globale Wasserverteilung in jährlich erneuerbaren m³ pro Kopf dar. Demnach sind besonders Nord- und Ostafrika, die arabische Halbinsel, Teile Zentralasiens, Südasiens und Chinas als auch Mexiko, Gebiete Mitteleuropas, Australiens und Südafrikas betroffen. Ein Szenario des WRI, welches von einem Anstieg der Weltbevölkerung auf 10 Milliarden Menschen für das Jahr 2025 ausgeht, rechnet mit einem Sinken der Wasserverfügbarkeit auf unter 1700 m3 pro Kopf und Jahr (moderate water stress) in

[9] vgl. Steffen et al. (2000:S.221)
[10] vgl. Wissenschaftlicher Beirat der Bundesregierung: Globale Umweltveränderungen (1997:S.129)

mindestens 6 hydrologischen Einzugsgebieten, die heute noch bei über 1700 m^3 pro Kopf liegen. Diese wären Volta, Farah, Nil, Tigris und Euphrat, Narmada und Colorado. In einer kritischen Lage (water stress) würden sich 29 weitere Einzugsgebiete wie zum Beispiel Godavari, Indus, Tapti, Sry Darya, Orange, Limpopo, Hunag He, Seine, Balsas und der Rio Grande befinden. Das WRI weist darauf hin, dass diese Karte zwar einen Überblick geben kann, aber keine Aussagekraft hinsichtlich der Möglichkeiten der einzelnen Länder hat, wie diese mit einer geringen Verfügbarkeit an erneuerbaren Wasserressourcen umgehen können. Hochtechnisierte Länder sind eher in der Lage mit weniger Wasser auszukommen und können Engpässe in besserem Maße durch Substitutionen (Meeresentsalzung oder Abwasseraufbereitung) überbrücken als weniger entwickelte Länder. Demnach muss man für jedes Land eine differenzierte Analyse der herrschenden Lage aufstellen, anstatt ganze Erdteile generalisiert zu betrachten.[11]
Allgemein führt Wasserknappheit zu einem gesteigerten Wettbewerb zwischen urbaner, industrieller und landwirtschaftlicher Nutzung. Weltweit werden heute ca. 70% des fließenden Frischwassers für den Ackerbau abgezweigt. In China und Indien sind es auf Grund intensiver Bewässerung 90%. Durch das hohe Bevölkerungswachstum und unzureichendes Management des Wassers zeichnen sich schon jetzt Engpässe in der Versorgung für besondere Teilen Chinas, Indiens und des Nahen Ostens ab. Zusätzlich ergeben sich spezifische - durch fehlende Infrastruktur bedingte - Mängel bei der hygienisch einwandfreien Trinkwasserversorgung.[12]

2.2 anthropogene Einflüsse auf die Wasserqualität

Seit dem Beginn der Landwirtschaft und der Landnutzung allgemein, wird die Qualität des Wassers vom Menschen beeinflusst. In den letzten 50 bis 100 Jahren stiegen die Auswirkungen jedoch drastisch an. Weltweit übersteigt die menschliche Beeinflussung inzwischen die natürliche Variabilität der Gewässer.[13] In den so genannten Entwicklungsländern hat man heute dieselben Probleme ungeklärter Abwässer, menschlicher Fäkalien und organischer Abfälle, wie sie in den

[11] vgl. Wolff, P. (2003:S.2) & http://earthtrends.wri.org/maps_spatial/maps_detail_static.php?map_select=264&theme=2
[12] vgl. Wissenschaftlicher Beirat der Bundesregierung: Globale Umweltveränderungen (1997:S.208)
[13] vgl. Steffen et al. (2003:S.224)

Industrieländern früher üblich waren, heute aber fast nicht mehr vorkommen. Hinzu kommt die zunehmend wachsende städtische und industrielle Verschmutzung des potenziellen Trink- und Nutzwassers. Insgesamt nehmen diese Belastungsfaktoren in den Entwicklungsländern zurzeit schneller zu als die Einrichtung von Aufbereitungsmaßnahmen. Auch die Klimaänderung, obgleich jetzt noch relativ unbedeutend, wird in den nächsten Jahrzehnten mehr Einfluss auf die Güte des Wassers ausüben. Den Haupteinfluss auf die Wasserqualität im Kontext des globalen Wandels hat jedoch die Landwirtschaft und zum Teil die Industrie. Agrarisch genutzte Flächen, vor allem in den Industrie- und Schwellenländern, bringen den Löwenanteil an Sedimenten, Nährstoffen, Pestiziden und Kolibakterien in die Gewässer ein.[14] Weltweit werden ca. 10.000 verschiedene Pestizide und andere Chemikalien in der Landwirtschaft, Industrie (z.B. Holzverarbeitung), zur Bekämpfung von Insekten, Unkraut und Pilzen, als Entlaubungsmittel sowie zur Kontrolle von Wasserpflanzen und Krankheitserregern eingesetzt.[15] Zwei Indikatoren für einen Qualitätsverlust der Gewässer sind erstens der Rückgang aquatischer Ökosysteme und deren natürlichen Nutzens sowie zweitens die ökonomische Größe der steigenden Kosten für die Trinkwasseraufbereitung.[16] Die Wirkungen der chemischen und organischen Verschmutzungen des Wassers auf die Gesundheit des Menschen sind weitreichend. Kinder sind meist stärker betroffen als Erwachsene, da bei ihnen schon kleine Schadstoffmengen reichen, um Gesundheitsschäden hervorzurufen. Zu vielen chemischen Verbindungen und deren Wechselwirkungen untereinander gibt es derzeit noch keine Untersuchungen dazu, inwieweit sie gesundheitsschädigende Auswirkungen haben könnten. Eutrophierung, Nitratkontaminierung, und Chemikalienbelastungen sind die Hauptprobleme der Industrienationen. Die so genannten Entwicklungsländer stehen heute vor den historischen Problemen der Industrieländer. Die Belastung des Trinkwassers durch menschliche und tierische Fäkalien und die dadurch auftretende bakterielle und organische Verschmutzung sind die Kernprobleme. Von einer Zunahme der gleichen Probleme, mit denen die Industrienationen heute konfrontiert sind, ist in den nächsten Jahrzehnten auszugehen. [17]

---

[14] vgl. Steffen et al. (2003:S.224)
[15] Wissenschaftlicher Beirat der Bundesregierung: Globale Umweltveränderungen (1997:S.94)
[16] vgl. Steffen et al. (2003:S.224)
[17] Wissenschaftlicher Beirat der Bundesregierung: Globale Umweltveränderungen (1997:S.97)

2.2.1 Düngemittel und Pflanzenschutzmittel

Nach Roux et al. beinhaltet die chemische Verschmutzung meistens Phosphor, Stickstoff und Pestizide. Der Eintrag ins Wasser erfolgt auf zwei Wegen. Die Stickstoffverbindungen sind generell wasserlöslich und können einfach mittels Versickerung ins Wasser gelangen. Phosphor und Pestizide jedoch sind nicht wasserlöslich. Ihre Verbreitung erfolgt durch Bindung an kleine Bodenpartikel und der Abtransport durch deren Erosion. Starke Regenfälle und der dadurch hervorgerufene Abtrag sind daher für vermehrte Anteile von Pestiziden und Phosphor im Wasser verantwortlich. Durch die Überdüngung der Felder erfolgt der Haupteintrag der Schadstoffe, was unter anderem eine Trübung des Wassers, Fischsterben und ein vermehrtes Wachstum der Grün- und Blaualgen zur Folge hat. Im Gegensatz zu Phosphor- und Stickstoffverbindungen (Nitrat) üben Pestizide keinen direkten Einfluss auf das biologische Gleichgewicht aus. Die Herbizide und Insektizide hingegen lagern sich im Gewebe von Fischen und anderer Wassertiere ein und nehmen somit indirekt am biologischen Kreislauf teil.[18]

2.2.2 Nitrat

Die Konzentrationen von Nitrat im Trinkwasser sind, größtenteils durch Düngemittel, in den letzten Jahrzehnten immer weiter angestiegen. Wird Nitrat nicht durch Pflanzen aufgenommen, gelangt es in den Wasserkreislauf. Aus Nitrat wird durch Mineralisierung, Hydrolyse und bakterielle Nitrifikation gesundheitsschädliches Nitrit und Nitrosamine. Dieser Vorgang kann sich auch im menschlichen Körper abspielen. Eine Studie über Nitrat und seine Gesundheitsfolgen hat gezeigt, dass in den USA, wo ca. 42% der Menschen das Grundwasser als Trinkwasser benutzen, die ländlichen Gebiete sehr hohe Nitratwerte aufzeigen. Die US Geological Survey fand in 22% der Brunnen für den häuslichen Gebrauch eine Überschreitung des US-Maximalwertes von 45 mg Nitrat pro Liter. In einer von der Europäischen Umweltagentur 1999 durchgeführten Untersuchung über Nitratbelastung zeigten sich die Grundwasservorkommen zum Beispiel in Slowenien stark belastet, wo etwa ein

[18] vgl. Steffen et al. (2000:S.225)

Viertel der Proben über dem EU-Grenzwert von 50 mg/l lagen. Ebenfalls hohe Belastungen weisen in der Untersuchung Österreich, Tschechien, Polen und die Slowakei auf.[19] Graphik 2 zeigt den Anstieg der Nitratbelastung von 1955 bis 1999 für vier europäische Flüsse.

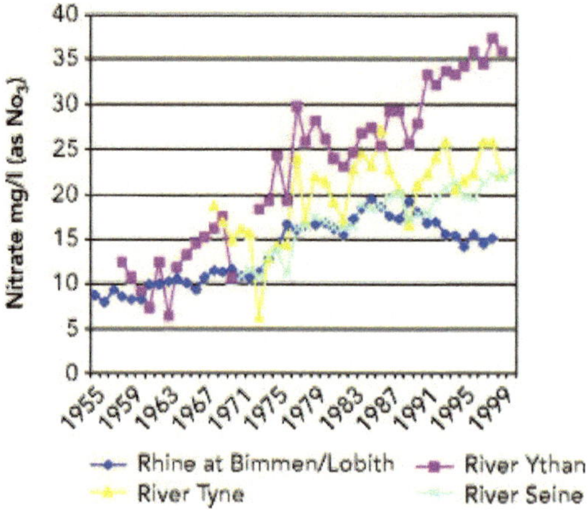

Graphik 2. der European Environment Agency zum Anstieg der Nitratbelastung in den Flüssen Rhein bei Bimmen/Lobith, Tyne, Ythan, Seine seit 1955 bis 1999.[20]

Hohe Konzentrationen von Nitrit können die Blutstoffwechselkrankheit Methämoglobinämie auslösen und den Sauerstofftransport im Blut beeinträchtigen. Häufig wird die als Blausucht bekannte Krankheit durch die Aufnahme von Nitrat im Trinkwasser verursacht. Die größte Gefahr besteht für Säuglinge, da geringe Mengen schon schwerwiegende Folgen haben können. Säuglingen wird dieses Wasser oft mit Milchpulver gemischt gegeben. Es wurden Zusammenhänge für Methämoglobinämie und hohem Nitratgehalt zum Beispiel in Südafrika vermutet und in Rumänien nachgewiesen. In hohen Konzentrationen kann Nitrat auch bei Erwachsenen zu Malignomen (z.B. Magenkrebs) führen und die Fruchtbarkeit beeinträchtigen.[21]

Der Anteil von Nitrat im Grundwasser steigt weltweit an, vor allem in Ländern mit intensiver agrarischer Nutzung (z.B. Indien). Nitrat braucht eine gewisse Einsickerungszeit um ins Grundwasser zu gelangen, somit wird ein Anstieg der

---

[19] vgl. Österreichische Gesellschaft für Umwelt und Technik (2001:S.:7)
[20] Quelle: http://dataservice.eea.eu.int/atlas/viewdata/viewpub.asp?id=546 (02.05.06)
[21] vgl. Mary H. Ward (2005:S.1607)

Nitratkonzentration für die nächsten 10-20 Jahre erwartet, selbst wenn sich die Landnutzung und Eutrophierung drastisch reduzieren würden.[22]

2.2.3 Pharmaka und Personal Care Products im Trinkwasser

Ein weitgehend unerforschtes Feld der Trinkwasserkontamination stellt die Verschmutzung mit so genannten Personal Care Products und Medikamenten und ihre Auswirkungen auf die menschliche Gesundheit dar. Diese Stoffe werden unter Chemikern als polar bezeichnet, was ihre gute Wasserlöslichkeit ausdrücken soll. Eine normale Wasseraufbereitung hat geringe Auswirkungen auf ihren weiteren Bestand im Wasser und ihr Nachweis ist heute noch kein einfaches Unterfangen. Die Menge der jährlich verschriebenen Medikamente ist alleine in Deutschland im Tonnenbereich anzusetzen. Die Metabolite (Abbauprodukte) der Pharmaka gelangen durch die menschlichen Fäkalien wieder in den Wasserkreislauf. In der Regel sind diese Stoffe noch wasserlöslicher als ihre Ausgangsprodukte und daher sehr schwer zu dekontaminieren.[23] In verschiedenen deutschen Kläranlagen wurde Pharmaka im Nano- bis Mikro-Grammbereich nachgewiesen. Neben anderen Arzneistoffen sind Betablocker, Lipidsenker, Antibiotika, das Antiepileptikum Carbamazepin oder endokrin wirksame Verbindungen (z.B. synthetische Sexualhormome) nur einige Beispiele. Hormonell (endokrin) wirksame Stoffe besitzen selbst in kleinen Dosierungen hohe Wirksamkeit und haben eine sehr lange Verweildauer im Wasser.[24]

Nicht als Medikament anzusehen, aber im Kontext hier zu erwähnen, sind die im Grundwasser nachgewiesenen Röntgenkontrastmittel, welche fast nicht abbaubar sind und allergische Reaktionen auslösen können. Die Schwankungsbreite der Konzentration dieser Stoffe im Wasser werden dem jahreszeitlichen Verlauf und seinen Auswirkungen auf die Temperatur, die unterschiedlichen Abflussmengen durch Niederschlagsereignisse und der gesundheitlichen Notwendigkeit (saisonal unterschiedlicher Gebrauch von Pharmaka) zugeschrieben. Fließgewässer mit geringer Abflussmenge und hohem Abwasseranteil weisen die höchsten Werte auf. So wurden im hessischen Ried bei Proben aus dem Winkelbach über 6 Mikrogramm

---

[22] vgl. Wissenschaftlicher Beirat der Bundesregierung: Globale Umweltveränderungen (1997:S.95)
[23] vgl. Wilken, R.-D. in Lozán et al. (2005:S.111)
[24] s.o. S.112

pro Liter an Pharmakarückständen nachgewiesen. Es wird davon ausgegangen, dass man Pharmaka überall als Umweltchemikalien nachweisen kann. Durch die schlechte Abbaubarkeit dieser Substanzen finden sie sich auch im Trinkwasser wieder. Es besteht immer noch Unklarheit darüber, wie sich insbesondere hormonell wirksame Verbindungen im Trinkwassser auf lange Sicht auf den menschlichen Organismus auswirken.[25]

Die Produktionsmenge an persönlichen Pflegeprodukten, wie in *Tabelle 1.* aufgeführt, übersteigt in Deutschland die der Pflanzenschutzmittel (30.000 Tonnen) um ein Vielfaches. Ihr hoher Verbrauch lässt eine Abschätzung über ihre Umweltauswirkungen zu. Untersuchungen haben gezeigt, dass man im Fettgewebe von Fischen Sonnenschutzmittel im Milligrammbereich pro Kilogramm nachweisen kann. Des Weiteren stellen die Moschusduftstoffe eine schlecht abbaubare Gruppe von Stoffen dar, die inzwischen überall in der Umwelt nachgewiesen werden können.

Tabelle 1.: Produzierte Menge an Körperpflegemittel 2002[26]

Personal care products	**Produktionsmenge in Tonnen**
Badezusätze	166.787
Haarwaschmittel, Haarwasser	132.345
Hautpflegemittel	163.347
Haarsprays, -festiger, -farben	115.307
Mundpflegemittel	64.933
Seifen	62.600
Sonnenschutzmittel	11.800
Duft-, Rasierwasser	35.353
Summe:	**752.472**

Die angesprochenen Stoffgruppen und Verbindungen werden in geringen Dosen als ungiftig eingestuft. Das Problem ist die dauerhafte Einnahme mit dem Trinkwasser. durch den täglichen Gebrauch können chronische Effekte auftreten, die bis heute noch weitgehend unerforscht sind. Ein Hauptaugenmerk sollte auf die endokrin wirksamen Stoffe gerichtet werden, da diese eine hohe Wirksamkeit in selbst kleinen Mengen aufweisen können.[27]

---

25 s.o. S.113
26 Tabelle 2.5-3 aus Wilken, R.-D. in Lozán et al. (2005:S.114)
27 vgl. Wilken, R.-D. in Lozán et al. (2005:S.114)

2.3 Water-related diseases

Nach der UNEP (United Nations Environment Programme) waren 2003 die „Water-related diseases“ für 80% der Krankheiten und Todesfälle in den so genannten Entwicklungsländern und für die gesundheitliche Beeinträchtigung von 1.2 Milliarden Menschen weltweit verantwortlich, davon 15 Millionen Kinder unter fünf Jahren. Die Einteilung der Water-related diseases erfolgt in vier Gruppen und soll einen Einblick über den Umfang und die Verknüpfung des Problems darstellen. Die Unterteilung wurde bewusst im Englischen gehalten, da in der Fachliteratur keine einheitliche Übersetzung ins Deutsche vorliegt. Eine adäquate Erläuterung auf Deutsch ist aber in Klammern angegeben.

1. *Faecal-oral diseases* (Fäkal-Orale Krankheiten)

Faecal-oral diseases können durch Wasser oder Lebensmittel, die mit Fäkalien in Kontakt waren und kontaminiert wurden, ausgelöst werden. Bei mangelnder Hygiene ist jedoch auch eine direkte Übertragung von Mensch zu Mensch möglich. Beispiele sind Cholera, Typhus, Amöbenruhr (Amöbiasis), Hepatitis A, und virale Durchfallerkrankungen (z.B. Rotavirus). Letztere sind die Hauptursachen der Kindersterblichkeit in den so genannten Entwicklungsländern.

2. *Strictly water-washed diseases* (Krankheiten durch mangelnde Hygiene)

Strictly water-washed diseases sind Krankheiten, die von Mensch zu Mensch übertragen werden. Ursache ist mangelnde Hygiene auf Grund von Wasserknappheit. Beispiele sind Haut- und Augenkrankheiten wie Skabies (Krätze) und Bindehautentzündung (Trachom) sowie durch Läuse übertragene Krankheiten (louse-borne epidemic typhus).

3. *Water-based disease* (Krankheiten durch Organismen des aquatischen Systems)

Water-based diseases werden durch Krankheitserreger übertragen, die in aquatischen Organismen leben oder einen Teil ihres Lebens in diesen Wirten verbringen. Die auftretenden Erkrankungen werden oft mit stehenden Gewässern in Verbindung gebracht. Beispiele sind die Bilharziose (Schistosomiasis) und der

Guinea- oder Medinawurm (Dracunculiasis). Ersteres findet in Flussschnecken und zweiteres in Flusskrebsen seinen Zwischenwirt.

4. *Diseases spread by water-related insect vectors* (Krankheiten, die durch in Gewässernähe lebende Insekten verbreitet werden)
Diese Krankheitsüberträger brüten in der Nähe von Gewässern oder Wasserstellen. Beispiele sind die Anopheles-Mücke (z.B. Malaria), Kriebelmücke (z.B. Flussblindheit), Aedes-Arten (z.B. Gelb- und Denguefieber) und die Tsetsefliege, welche die Schlafkrankheit (Trypanosomiasis) überträgt.[28]

Die von der WHO veröffentlichten Ansteckungs- und Todesfälle einiger Krankheiten, die mit Wasser in Verbindung stehen, können Tabelle 2 entnommen werden. Eine Prognose über die globale Entwicklung der „Water-related diseases" gestaltet sich schwierig. Viele Faktoren spielen eine Rolle für ihre weitere Entfaltung. Jedoch kann man mit einfachen Modellen sehr schnell erkennen, ob ein sich ändernder klimatischer oder anthropogener Faktor wie Temperaturerhöhung oder Wasserstauung eher positiv oder negativ auf die geographische Verbreitung auswirkt. Die Abbildung 1. im Anhang gibt einen Überblick über die wichtigsten wasservermittelten Krankheiten und ihre mögliche Sensitivität auf eine Klimaänderung.

Tabelle 2.: Ansteckungs- und Todesfälle pro Jahr von einigen Krankheiten, die mit Wasser in Verbindung stehen.[29]

	Krankheitsfälle/Jahr	**Todesfälle/Jahr**
Cholera	384.000	11.000
Thyphus	500.000	25.000
Amöbenruhr	48.000.000	110.000
Diarrhoe	1.500.000.000	4.000.000
Schistosomiasis	200.000.000	800.000

[28] vgl. McMichael, A. et al.(1996:S.97 Abb.4.8)
[29] Eigener Entwurf nach: http://whqlibdoc.who.int/hq/2000/test.pdf (23.04.06)

2.4 Einfluss klimatischer Änderungen auf das Wasser und die Menschen

Gegenwärtig wird laut IPCC mit einer mittleren globalen Erwärmung um rund 2°C bis zum Jahr 2100 gerechnet. Ein dynamischerer Wetterverlauf mit vermehrten Extremen und ein Anstieg des Meeresspiegels, wie schon in Kapitel 1.2 angesprochen, sind wahrscheinlich. Im Kontext der „Water-related diseases" muss man jedoch noch erwähnen, dass ein wesentlicher Faktor für die Verbreitung von Krankheiten, die durch in Gewässernähe lebende Insekten verbreitet werden neben Verfügbarkeit von Oberflächenwasser, Boden- und Luftfeuchtigkeit oder auch bestimmten Vegetationsformen die geeignete Temperatur darstellt. Eine Verschiebung der potenziellen Lebensräume von Stechmücken beispielsweise kann aufgrund einer globalen Erwärmung nicht ausgeschlossen werden. Dazu gehören die Überträger von Malaria, Dengue und viralen Enzephalitiden. In der gemäßigten mitteleuropäischen Zone kommt schon heute die weibliche Anopheles-Mücke vor und die Türkei meldete in den vergangenen Jahren einen rapiden Anstieg von Malaria tertiana mit mehr als 100.000 Krankheitsfällen pro Jahr. Allgemein wird im Rahmen der globalen Erwärmung mit einer Zunahme der Malaria gerechnet (siehe auch Abbildung 1. im Anhang).[30]

2.4.1 Zunehmende Extremwetterereignisse

Der prognostizierte Trend zu häufigeren Wetterextremen wie Dürren oder Überschwemmungen wird mit großer Wahrscheinlichkeit zu einem Anstieg der striktly water-washed oder faecal-oral diseases führen. Hohe Niederschlagssummen wie zum Beispiel bei einem El Niño-Ereignis werden in Verbindung zu wasserbürtigen Infektionskrankheiten gebracht. In Lima/Peru verdoppelten sich die Fälle von Durchfallerkrankungen bei Kindern während der El Niño-Saison 1997-1998 durch Schmutzwasserkontamination. In den USA wies man einen Zusammenhang zwischen Starkniederschlagsereignissen und vermehrtem Auftreten von wasserbezogenen Krankheitsfällen für die Zeit von 1948 bis 1994 nach. Trotz hoch entwickeltem Wassermanagement im Bereich der Ver- und Entsorgung sind auch die Industrienationen nicht vor den Folgen häufigerer Hochwassersituationen gefeit.

[30] vgl. Wissenschaftlicher Beirat der Bundesregierung: Globale Umweltveränderungen (1997:S.238)

Vermehrte Erdrutsche können eine Vermischung von Ab- und Trinkwasser durch Beschädigungen an den Rohrnetzen hervorrufen und somit die Gefahr von chemischer und organischer Verunreinigung erhöhen.[31]
Auch die Ausbreitung von Cholera wird oft in Verbindung mit klimatischen Extremereignissen gebracht. Überschwemmungen und Dürren verursachen in Entwicklungsländern Massenfluchtphänomene und führen zu Bildung von Flüchtlingslagern. Diese sind meistens nach kurzer Zeit aufgrund schlechter hygienischer Verhältnisse und mangelndem Trinkwasser ein Entstehungspunkt für Cholera-Epidemien. Eine Zunahme von Extremwetterereignissen kann nach McMichael (1996) somit in Verbindung mit der potenziellen Zunahme von Cholerafällen gebracht werden.[32]
Nach den Überschwemmungen in Dhaka/Bangladesch 2004 breitete sich eine Diarrhoe-Epidemie, verursacht durch die Erreger Vibrio cholerae O1 und ETEC (enterotoxische E. coli)aus. Es wird angenommen, dass kontaminiertes Wasser der Auslöser während der Flut war und die Vermischung von Abwasser und Trinkwasser die fäkal-orale Übertragung möglich machte.[33] Gerade in Bangladesch steigt durch den Klimawandel und dessen Einfluss auf die Überschwemmungshäufigkeit das Risiko für die Bevölkerung, die in der Nähe von Deltas und Flussauen lebt, an. Auch in Teilen Chinas, Europas und Südasiens können vermehrte Überschwemmungen zu einem höheren Risiko der dortigen Bevölkerung werden. Neben der akuten Lebensgefahr und Gesundheitsschädigungen durch die Gewalten der Wassermassen, nehmen auch mittelfristige Schädigungen durch Cholera und Hepatitis A infolge von verschmutztem Wasser zu.[34] Hafenstädte sind von Choleraausbrüchen besonders betroffen, da sich dort die Ein- oder Abreise von infizierten Flüchtlingen und Migranten konzentriert.[35]

2.4.2 Anstieg des Meeresspiegels

Ein Anstieg des Meeresspiegels würde die tief liegenden Deltas, Korallenatolle und küstennahe Megacities (z.B. Kairo) beeinflussen. Mögliche Gefahren wären

---

[31] vgl. Kistemann et al. in Lozán, J. L.(2005 :S.224)
[32] vgl. McMichael, A. et al.(1996:S.100)
[33] vgl. Qadri, Firdausi et al. (2005:S.1104ff.)
[34] vgl. Patz, J.; Kovats, S. (2002:S.1096)
[35] vgl. McMichael, A. et al.(1996:S.100ff.)

vornehmlich die Salzwasserintrusion und die Küstenerosion. Besonders betroffen wären Bangladesch, Vietnam, Ägypten und zahlreiche kleine Inselstaaten. Bei einem Anstieg des Meeresspiegels um 40cm prognostiziert das IPCC (2001) eine Auswirkung auf 200 Millionen Menschen. Knapp 50% der Weltbevölkerung lebt in Küstenregionen. Die Tendenz ist zunehmend. Dreizehn der zwanzig Megacities (>10 Millionen Einwohner) liegen auf Höhe des Meeresspiegels. Ein Anstieg des Wasserspiegels könnte zum Eindringen von Salzwasser in die Süßwasserreserven führen und diese verunreinigen. Zudem könnte der Regenwasserabfluss und die Abwasserentsorgung immens gestört werden.[36]

2.5 Fallbeispiele zu Staudammprojekten

Der Wasserkreislauf wird in seinem natürlichen Fluss durch Dämme und andere Staumaßnahmen weltweit immer öfter unterbrochen (siehe Kap.1.3). Die WHO sieht in den zunehmenden Staudämmen und Bewässerungskulturen eine Gefahrenquelle für die menschliche Gesundheit. Die „Water-related diseases" wie Malaria, Schistosomiasis, Filariosen und Japanische Enzephalitis haben in der unmittelbaren Nähe solcher Bauten stark zugenommen. Gründe dafür sind die geringeren Abflussgeschwindigkeiten und die Erwärmung des Wassers. Der Assuan Staudamm (Aswan High Dam) in Ägypten schaffte durch Stauung des Nils den Nassarsee mit ca.16 km Breite und 480 km Länge. Die gigantische Rückhaltung des Wassers hat natürlich einen großen ökonomischen Nutzen, führte aber beispielsweise auch zu der Verbreitung der Wirts-Schnecken der Schistosomen, da diese durch die ausbleibenden Nilüberflutungen nicht mehr ins Meer gespült wurden. Der Diama-Damm am Senegalfluss verursachte 1988 den größten Ausbruch der Schistosomiasis im Afrika südlich der Sahara.[37]

Die WHO geht weltweit von 200 Millionen Infizierten aus, von denen 20 Millionen unter den Konsequenzen (Schädigung von z.B. Leber, Darm, Blase und zentralem Nervensystem) leiden.[38]

Das Southeastern Anatolian Irrigation Projekt, auch unter seinem türkischen Akronym GAP bekannt, ist ein Mammutprojekt an Euphrat und Tigris in der Süd-Ost-

[36] vgl. Patz, J.; Kovats, S. (2002:S.1095)
[37] vgl. WHO. Emerging Issues in Water and Infectious Disease (2003)
[38] vgl. WHO. Fact Sheet N° 115 (1996)

Türkei. Es beinhaltet den Bau von zweiundzwanzig Staudämmen und neunzehn Wasserkraftwerken. Bei Fertigstellung 2010 sollen 1,7 Millionen Hektar Land bewässert werden. Die Fläche betrifft acht Provinzen und ca. 10% der türkischen Bevölkerung. Der größte Damm, der Atatürkstaudamm, wird in das Sanliurfa-Bewässerungstunnel-System abgezweigt. Seit das erste Wasser ab Anfang der Neunziger Jahre floss, erhöhten sich in der Türkei die Fälle von Water-related diseases rapide. Das türkische Gesundheitsministerium berichtete, dass die Fälle von Malaria (Plasmodium Vivax) im Zeitraum von 1990-1993 von 8.680 auf 18.676 Fälle angestiegen waren. In der Provinz Sanliurfa, im Herzen des GAP, wuchs die Zahl der Infektionen von 785 auf 5125 Fällen an (von 1990-1993). Diese Anzahl erhöhte sich weiterhin signifikant in den ersten neun Monaten des Jahres 1994. Auch die Ansteckungen von Leishmaniasis (v.a. Kala Azar) durch Sandflies (Schmetterlingsmücken) stiegen von 552 auf 3000 Fälle im Zeitraum von 1990 bis 1994 an. Neben dem vermehrten Vorkommen von Durchfallerregern wurde auch eine Zunahme der Überträgerschnecke der Schistosomiasis festgestellt.[39]

2.6 Wasserverfügbarkeit

Nach Vörösmarty et al. (2001) wird das Wachstum der Weltbevölkerung bis 2025 einen größeren Einfluss auf die Wasserressourcen nehmen, als die möglichen Auswirkungen eines Klimawandels. Da die Unterversorgung mit Wasser ein lokales bis regionales Problem darstellt, sind für diese Entwicklungen zum Beispiel die jeweiligen Populationsstatistiken der betroffenen Länder zu verwenden. Im Gegensatz zu den heutigen Klimaprognosen lassen sich Bevölkerungsentwicklungen relativ genau vorhersagen. Die Bevölkerung in Ländern mit mäßiger bis unzureichender Trinkwasserversorgung (moderate bis severe water stress) wird sich demnach bis 2025 auf 4 Milliarden verdoppeln (vergleiche hierzu auch Kapitel 2.1).[40] Wegen mangelnder Verfügbarkeit von Wasser müssen die Betroffenen oft lange Strecken zurücklegen, um an das nötige Trinkwasser zu gelangen. Auf Grund der limitierten Wasserverfügbarkeit ist ein sparsamer Umgang damit die Folge. Eine oft auftretende Krankheit in diesen Gebieten ist das Trachom, eine Bindehautzündung, welche laut WHO für die meisten Erblindungen auf der Welt verantwortlich ist.

---

[39] vgl. Serap Aksoy et al. (1995:S.62ff.)
[40] vgl. Steffen et al.(2003:S.227)

Weltweit haben 150 Millionen Menschen die Infektionskrankheit und in 5.9 Millionen Fällen verursachte die Ansteckung mit Chlamydia trachomatis den Verlust des Augenlichts. Durch bessere Verfügbarkeit von Wasser und die Möglichkeit des Waschens von Händen, Augen, Nasen und Kleidern könnten die Krankheitserreger dezimiert werden. Somit wird von einem Zusammenhang zwischen der Verfügbarkeit von Wasser und dem Trachoms ausgegangen..[41] Untersuchungen im Dorf Marakissa in Gambia haben gezeigt, dass in einem Zeitraum von 1959 bis 1996 durch eine bessere Wasserverfügbarkeit, sanitäre Einrichtungen und Bildung der Bevölkerung die Prävalenz dieser Bindehautentzündung von 65.7% auf 2.4% abnahm.[42]

3. Exkurs Durchfallerkrankungen

Jedes Jahr sterben weltweit 2.5 Millionen Kinder an Durchfallerkrankungen (Diarrhoe). Die meisten Fälle ereignen sich in den so genannten Entwicklungsländern, und die Hauptursache für die Verbreitung ist die Verschmutzung von und durch Wasser. Erreger wie zum Beispiel Escherichia Coli und das Rotavirus sind häufige Auslöser der Diarrhoe, aber auch Campylobacter, Salmonellen, Shigellen, Yersinien und Vibrio cholerae. Das Rotavirus ist für 60% aller Durchfallerkrankungen verantwortlich. Meist erkranken Kinder im Alter zwischen 6 und 24 Monaten, wobei jedes Jahr ca. 870.000 Kinder an den Folgen sterben. In den Industrieländern verläuft, bei weiterhin hoher Anzahl an Infektionen, fast kein Fall mehr mit tödlichem Ausgang. Die Dehydratation ist das eigentliche Problem im Krankheitsverlauf der Rotaviralen Diarrhoe, wobei dies jedoch auch auf alle Durchfallerkrankungen anderer Genese zutrifft. Derzeitige Schätzungen gehen davon aus, dass durch den garantierten Zugang zu sauberem Trinkwasser in den so genannten Entwicklungsländern die Infektionsrate um 26% und die Todesfälle um 65% gesenkt werden könnten. Eine verbesserte Hygiene und ausreichende Rehydration würden sowohl eine gute Prävention als auch eine Behandlung der Symptome versprechen. Die WHO schätzt bis 2025 die hauptsächlich durch

[41] vgl. Hannah Kuper et al. (2003:S.372ff.)
[42] vgl. Dolin P. J. (1997)

Durchfallerkrankungen verursachten Todesfälle bei Kindern unter fünf Jahren auf 5 Millionen, davon ca. 97% in den so genannten Entwicklungsländern.[43]

4. Kriege um Wasser

Bis heute ist noch kein Krieg unmittelbar um die Ressource Wasser geführt worden. Streitsituationen zwischen Staaten oder verschiedenen Interessengruppen beinhalten jedoch oftmals diesen Teilaspekt. Es gibt verschiedene Ansätze in der Wissenschaft, die sich mit dieser Problematik beschäftigen. Zusammengenommen kann man Umweltzerstörung, Klimawandel, Bevölkerungswachstum und ineffektive Bewässerungstechniken als Konfliktpotenzial in einem komplexen Geflecht zueinander sehen.[44]

Im Hinblick auf die wachsende Weltbevölkerung und die steigende Nahrungsmittelproduktion wird Wasser zu einer immer knapperen Ressource. Vor allem Länder, die heute schon unter einem Mangel an Wasser leiden, sind in Zukunft von diesen Entwicklungen betroffen. Durch ein schwaches Angebot und eine steigenden Nachfrage könnten sich in Zukunft vermehrt nationale und internationale Spannungen um Wasserressourcen entfalten. Ein Konfliktpotenzial bergen Länder, deren Hauptanteil an Wasserquellen (z.B. Oberläufe, Gletscher, Aquifere) nicht auf ihrem eigenen Staatsgebiet liegen. Zum Beispiel beziehen Staaten wie Ägypten, Botswana, Bulgarien, Mauretanien, Turkmenistan, Ungarn und Usbekistan jeweils 90% ihres Oberflächenwassers aus dem Ausland. Auf nationaler Ebene könnten unter anderem konkurrierende Volksgruppen, Stämme, Nachbargemeinden oder Städte zunehmend in einen Interessenskonflikt um die Wassernutzung geraten. Meistens entsteht eine Streitsituation aus Interventionen an den Oberläufen von Flüssen. Durch Wasserentnahme/-reduzierung oder Ein-/Rückleitung von Abwasser ergibt sich dann ein Nachteil für die Gruppen oder Staaten am darauf folgenden Unterlauf. Das bekannteste Desaster war die maßlose Übernutzung und Ausbeutung der Zuläufe des Aralsees (siehe auch Kapitel 5.)[45].

In Bezug auf die äthiopischen Planungen von Staudammprojekten am Blauen Nil 1980 sind die Worte des ehemaligen Ägyptischen Präsidenten Anwar el Sadat

[43] vgl. Thapar, N.I; Sanderson, I. (2004:S.641ff.)
[44] vgl. Fröhlich C. & Ratsch U. in Lozán, J. L.(2005 :S235ff.)
[45] vgl. Liebscher Hans-Jürgen (2004)

unvergessen: „*Wer mit dem Nilwasser spielt, erklärt uns den Krieg!*"[46] Auch das schon angesprochene GAP (Southeastern Anatolian Irrigation Projekt) führt immer wieder zu Spannungen zwischen der Türkei, Syrien und Irak. Die Mittel- und Unteranrainer von Euphrat und Tigris sorgen sich um genügenden Zufluss aus den Quellen. Die Türkei hat aus Angst vor Anschlägen Boden-Luft-Raketen zur Sicherung der Staudämme in Stellung gebracht. Auch das Jordanbecken ist zweifellos in einer geopolitischen Lage, die in den letzten Jahrzehnten immer wieder Schauplatz von bewaffneten Konflikten war und immer noch ist. Für Israel, Syrien, Jordanien und die Palästinenser bedeutet das Wasser in dieser ariden Region einerseits einen strategischen Vorteil und andererseits ein Gut, das zur Überlebenssicherung notwendig ist. Nicht nur einmal wurden Bewässerungsprojekte oder Wasservorkommen Ziel von taktischen Besetzungen. Explizit wurde Wasser aber nie als Ursache für kriegerische Handlungen genannt.[47]
Bei diesen Konfliktbeispielen fördern politische und historisch-kulturelle Differenzen der jeweiligen Parteien das gegenseitige Misstrauen. Allerdings ist unter den derzeitigen Umständen kein zwischenstaatlicher Konflikt in Sicht, der sich um die Erbeutung von Wasser dreht. Ein Szenario von lang ausbleibenden Niederschlägen und einem drastischen Anstieg der Nachfrage des flüssigen Gutes könnte die Situation jedoch innerhalb kurzer Zeit ändern.[48]

5. Fallbeispiel Aralsee

Ohne die Folgen weitreichend abzuschätzen, wurde ab den fünfziger Jahren ein Großprojekt zur Bewässerung der ariden und semi-ariden Gebiete Zentralasiens durch die Abzweigung der Zuflüsse des Aralsees Syrdarya und Amudaryas in Angriff genommen. Die ehemalige Sowjetunion erhoffte sich einen riesigen ökonomischen Nutzen durch den bewässerungs-gestützten Anbau von Baumwolle. Dem ehemals viertgrößten See der Erde wurden bis 1994 laut FAO 94% des Zuflusses verringert. Sein Volumen ging um zwei Drittel zurück und der Salzgehalt nahm auf 33% zu. Eine Salzwüste umgibt heute das um die Hälfte geschrumpfte Gewässer. Fast die ganze

[46] Wissenschaftlicher Beirat der Bundesregierung: Globale Umweltveränderungen (1997:S.345ff.)
[47] Fröhlich C. & Ratsch U. in Lozán, J. L.(2005 :S237)
[48] Wissenschaftlicher Beirat der Bundesregierung: Globale Umweltveränderungen (1997:S.221ff.)

Vegetation um den See ist nicht mehr vorhanden. Der hohe Salzgehalt führte zum Aussterben der Fische und daraufhin zum Verlust von 60000 Arbeitsplätzen in der Fischerei. Das kontinentale Klima mit seinen hohen Temperaturgegensätzen verstärkte sich in der Region. Bodendegradation und Grundwasserversalzung senkten die zuerst gestiegenen Ernteerträge trotz steigendem Düngemittelgebrauch.[49] Wirtschaftliche, soziale und ökologische Probleme stellten sich auf Grund des Bewässerungsprojektes ein. Sie verbanden sich zu vielschichtigen Geflechten, deren Folgen weitreichend und nicht nur auf das direkt anliegende Gebiet beschränkt waren und sind. Die gesundheitliche Beeinträchtigung der direkt betroffenen Bevölkerung (ca. eine Million) wird von russischen Ökologen mit den Folgen der Katastrophe von Tschernobyl verglichen. Der übermäßige Eintrag von Pestiziden, Herbiziden und Entlaubungsmittel der Felder in das Grundwasser, zudem der Verzehr von vergifteten Fischen, brachte eine Vielzahl von Krankheiten hervor. Die Säuglingssterblichkeit lag 1988 bei 110 Promille (vgl. Indien 95, China 37, Frankreich 9.5 Promille). Die Prävalenz der Tuberkulose ist in dem zum Aralsee angrenzenden Gebiet Karakalpakstan dreimal so hoch wie im Rest Usbekistans. Ein übermäßig häufiges Auftreten von Anenzephalie (Schädigung des Gehirns von Embryonen[50]), Hasenscharten und weiteren Missbildungen trat rund um den See in Erscheinung. 1989 waren 66% der Erwachsenen und 61% der Kinder von einer Krankheit betroffen, die im Zusammenhang mit den Umweltbedingungen stand. Es wurden steigende Fallzahlen von Magenkrebs, Blutkrankheiten, Knochentumoren und Allergien der Atemwege gemeldet. Alle Krankheiten wurden auf die Misswirtschaft des Wassermanagements und deren Folgen auf den Lebensraum bezogen. Chronische Unterernährung, schlechte Hygiene, chemische und bakterielle Verschmutzung des Wassers und das Einatmen von Staub sind die Hauptursachen für das Leiden der Betroffenen. So wurde auch ein direkter Zusammenhang zwischen Salzüberschuss und Pestiziden im Wasser mit Schwangerschaftserkrankungen und nicht-ansteckenden Krankheiten festgestellt.[51] Diese negativen Auswirkungen auf Mensch und Umwelt sind heute zusammengefasst als „Aralseesyndrom" ein feststehender Begriff für das größte Umweltdesaster, welches der Mensch je durch eine Umverteilung von Wasser bewirkt hat. Die Katastrophe wieder rückgängig zu machen, gilt als unwahrscheinlich.

[49] Wissenschaftlicher Beirat der Bundesregierung: Globale Umweltveränderungen (1997:S.183ff.)
[50] http://www.anencephalie-info.org/
[51] vgl. Létolle & Mainguet (1996:S.315ff.)

Ein Programm der Weltbank soll in den nächsten Jahrzehnten zumindest Teile des Sees wiederherstellen.[52]

6. Folgen der steigenden Mobilität

Die Verbreitung von water-related diseases steigt nicht nur durch veränderte Umweltbedingungen, sondern auch durch steigende Mobilität der Menschen. Tourismus, Geschäftsreisen und Migration sind heute ein weltumspannendes Phänomen. Ungefähr 120 Millionen Menschen leben außerhalb ihres Geburtslandes, und die Suche nach besseren Lebensbedingungen lässt Millionen von Menschen in andere Länder ziehen.

Viren, Vektoren und Reservoirtiere werden mit dem wachsenden globalen Verkehr zunehmend verbreitet. Ein Beispiel für eine durch Ferntourismus verbreitete Infektion ist zum Beispiel das Auftreten der Schistosomiasis in Malawi oder Südafrika. Des Weiteren wurden durch Touristen bestimmte Dengue-Virus-Typen global verschleppt. In Texas sind vorübergehend Dengue-Biotope mit Übertragung auf den Menschen entstanden. Eine Verbreitung durch den globalen Handel erfuhr die Mücke Aedes albopictus, Ein weiterer Dengue-Überträger, der von Asien aus auch in Europa und den USA, über das Restwasser in importierten gebrauchten Autoreifen, eingeschleppt wurde. Fehlende oder unzureichende seuchenhygienische Kontrollen an Schiffs- und Flughäfen begünstigen die Ausbreitungen von diesen Krankheitserregern in Länder, die sonst nicht betroffen wären.[53]

7. Drei Szenarien zum weiteren Umgang mit Wasser

Die Qualität und Quantität des Wassers ist durch Landwirtschaft, Industrie und verschwenderische Lebensstile stark gefährdet. Die so genannten Entwicklungsländer werden den Lebensverhältnissen der Industrieländer näher kommen. Ein durchschnittlich höheres Einkommen wird einen Anstieg des Konsums

[52] vgl. Wissenschaftlicher Beirat der Bundesregierung: Globale Umweltveränderungen (1997:S.184)
[53] vgl. Wissenschaftlicher Beirat der Bundesregierung: Globale Umweltveränderungen (1997:S.237)

von Dienstleistungen und Gütern mit sich bringen. Die Frage, ob es möglich ist, für 8 bis 10 Milliarden Menschen ausreichend Nahrung zur Verfügung zu stellen, hängt vor allem von der begrenzten Ressource Süßwasser ab. Rosegrant et al. haben in einer Studie drei Szenarien für den steigenden Süßwasserverbrauch bis 2025 aufgestellt, die hier kurz skizziert werden sollen.[54]

Das „Business as usual"-Szenario geht von unveränderter Wasser- und Ernährungspolitik aus, d.h. der Umgang mit den Wasserressourcen von seiten der Regierungen als auch der Wassernutzer ändert sich nicht tief greifend. Angenommen wird eine zunehmende Industrialisierung der Entwicklungsländer bei steigendem Wasserverbrauch sowie einige Verbesserungen in der Reinhaltung und Effizienzsteigerungen in der Nutzung. Des Weiteren wird eine steigende Urbanisierung vor allem in den Entwicklungsländern und eine erhöhte Nachfrage nach Wasseranschlüssen prognostiziert, u.a. eine 12-prozentige Steigerung der Wassernachfrage durch Landwirte bei realen 4% Steigerungsvermögen. Ein höherer Nahrungsbedarf bei geringerem Angebot wegen Wassermangels führt somit zu einem erhöhtem Importbedarf meist von Entwicklungsländern. Viele afrikanische Länder und die des nahen Ostens (ohne Ölreserven) werden besonders hart betroffen sein.

Das Szenario „Wasserkrise" geht von einer Verschlechterung der Wasser-, Agrar-, und Ernährungspolitik aus. Weniger staatliche Investitionen für Bewässerungsprojekte und eine zunehmende Privatisierung des Wasserwesens werden vorausgesetzt, des Weiteren eine zunehmende Verringerung der Förderungen von Regenfeldbau und der Produktion von Grundnahrungsmitteln in den so genannten Entwicklungsländern. Prognostiziert wird, dass Landwirte das Wasser weiterhin ineffizient verbrauchen und dem Wasserdargebot mehr entziehen als erneuerbar ist. Das beinhaltet auch eine zunehmende Nutzung von Grundwasser und damit die weitere Absenkung des Grundwasserspiegels mit den schon angesprochenen Folgen, zum Beispiel der Salzwasserintrusion. Die geschätzte industrielle Wassernachfrage wird, bei gleicher Produktionsmenge, 30% über der des „Business as usual" -Niveaus liegen und die Landwirtschaft wird ca. 10% weniger produzieren. Die Folgen wären steigende Nahrungsmittelpreise mit Erhöhungen von

[54] vgl. Wolff, P (2003:S.6)

40% für Reis bis 120% bei Mais (siehe Tabelle 3.). Höhere Preise werden einen Rückgang der Getreideeinfuhr und einen geschätzten Getreidekonsum in den so genannten Entwicklungsländern auslösen, der 2025 unter dem von 1995 liegen wird.

Das Szenario „nachhaltiger Wassernutzung“ stellt eine positive Möglichkeit in der Entwicklung rund um die flüssige Ressource dar. Ausgegangen wird von einer Verbesserung des Natur- und Umweltschutzes, einer Ausstattung aller städtischen Haushalte mit Wasseranschluss, einer Erhöhung des Wasserverbrauchs zur Gewährleistung einer ausreichenden Hygiene bei gleichzeitiger Aufrechterhaltung des Nahrungsmittelsniveaus wie im „Business as usual“-Szenario. Die Nachhaltigkeit des Szenarios wird durch nationale sowie internationale Gebergemeinschaften unterstützt. Investitionen sollen in bessere Agrarforschung und Wassermanagement fließen. Als weitere Maßnahme sollen die Wasserpreise angehoben werden, um eine effizientere Nutzung durch die Landwirte zu stimulieren. Dazu gehört auch die Übertragung der Wasserechte an die jeweiligen Nutzer, um zusammen mit den strengeren Pflichten den Wasserverbrauch zu senken und die Übernutzung von Grundwasserressourcen zu stoppen. Das öffentliche Bewusstsein wird zu stärkerem Umweltschutz und Qualität tendieren. Der Wasserverbrauch sollte damit um 20% niedriger als bei „Business as usual“ liegen. Gleichzeitig wird eine Steigerung um 1% in der Landwirtschaftsproduktion erwartet. Lebensmittelpreise nehmen bis auf Mais und Sojabohne ab. Diese zwei Agrarprodukte werden hauptsächlich zur Deckung des stark ansteigenden Futtermittelbedarfs verbraucht.[55]

Tabelle 3. : Weltmarktpreise in USD/Tonne für die 3 Szenarien im Jahre 2025[56]

Szenarien/ Produkt	Referenzpreis 1995	Business as usual	Wasserkrise	Nachhaltige Wassernutzung
Reis	285	221	397	215
Weizen	133	119	241	111
Mais	103	104	224	98
Sojabohne	247	257	422	253
Kartoffel	209	180	317	166
Süßkartoffel	134	90	233	77

[55] vgl. Wolff, P (2003:S.2ff.)

[56] vgl. Tabelle von Rosegrant et. al. in Lozán (2005 :S307)

8. Schlussbetrachtung

Wasser ist die Grundlage allen Lebens und zudem eine begrenzte Ressource. Ohne nachhaltige Ansätze bei allen wasserbezogenen Prozessen, wie sie zum Beispiel im Szenario von Rosegrant et al. dargestellt wurden, haben nachfolgende Generationen vermehrt unter den quantitativen und qualitativen Mangelerscheinungen durch verschmutztes Trinkwasser zu leiden.

Das Auftreten von water related diseases sowie die gesundheitliche Beeinflussung durch chemische und organische Verschmutzung sind als Indikatoren für ausreichend sauberes Wasser zu sehen. Wie in der Hausarbeit aufgezeigt wurde, werden gesundheitliche Probleme nicht monokausal verursacht, sondern durch eine Vielzahl von zusammenhängenden Faktoren. Um Lösungen zu erarbeiten und umzusetzen haben die Vereinten Nationen in ihren Millenniumszielen beschlossen, bis zum Jahre 2015 die Zahl der Menschen (2,7 Milliarden) ohne ausreichende Trinkwasserversorgung und ohne ausreichende Abwasserversorgung zu halbieren. Die Umsetzung kann nur mit strikten Maßnahmen auf lokaler, nationaler und internationaler Ebene erfolgen. Klimaschutz, höhere Investitionen in sanitäre Einrichtungen, Kooperation zwischen Anrainerstaaten zur gemeinsamen Nutzung von Wasser und Effizienzsteigerung in der Landwirtschaft stellen nur einige Strategien in die empfohlene Richtung einer nachhaltigen Nutzung dar, mit denen diese Millenniumsziele erreichten werden könnten. Problematisch ist, dass es kein Menschenrecht auf Zugang zu sauberem Wasser gibt. In der Allgemeinen Erklärung der Menschenrechte 1948 wurde das Recht auf Wasser nicht verankert.[57] Auch das vierte Weltwasserforum, das vom 16. bis 22. März 2006 in Mexiko-Stadt tagte, endete mit einer Abschlusserklärung, in der der freie Zugang zu Trinkwasser nicht als Grundrecht anerkannt wurde.[58]

Die weltweite Anerkennung eines Menschenrechts auf sauberes Wasser könnte die Entwicklungen rund um das Wasser positiv beeinflussen. Als ‚Wasserkonvention' wäre das Recht gegenüber Regierungen einforderbar und könnte entsprechende Handlungen erzwingen. Mit dem Recht auf Wasser muss jedoch auch ein Pflichtbewusstsein für den nachhaltigen Umgang einhergehen. Wasser sollte meines Erachtens nicht umsonst ausgegeben werden, weil das die Verschwendung begünstigt, sondern den jeweiligen finanziellen Bedingungen der Menschen

[57] vgl. Bär et al. in Lozán (2004:S.:347ff.)
[58] vgl. Neue Züricher Zeitung Online 22. März 2006, 22:49

angepasst und staatlich kontrolliert werden. Die Gefahr der kommerziellen Wasserversorgung ohne ausreichende staatliche Kontrolle zeigte sich 1999 in Bolivien. Dort wurde die Wasserversorgung der drittgrößten Stadt Chochabamba privatisiert. Die Folge war eine Preiserhöhung um 30 bis 100% ohne Steigerung der Qualität. Dies führte zu gewaltsamen Ausschreitungen der Bevölkerung, die sich das Wasser nicht mehr leisten konnte.[59]

Ein wichtiger Schritt in Richtung eines Menschenrechts auf Wasser war der „allgemeine Kommentar“ Nr. 15 des UN-Ausschusses für wirtschaftliche, soziale und kulturelle Rechte. Dieser Kommentar ist völkerrechtlich nicht verbindlich, kann jedoch als Bezugspunkt für weitere Verhandlungen der Internationalen Menschenrechte herangezogen werden. Auszüge daraus sind: „Wasser ist eine begrenzte Ressource und ein für das Leben und Gesundheit wesentliches Gut“... „Wasser muss als soziales und kulturelles Gut behandelt werden und nicht in erster Linie als Wirtschaftsgut“... „Unter keinen Umständen darf einer Person das Existenzminimum an Wasser entzogen werden“ ... und der wohl wichtigste Satz: „Menschenrecht bricht Handelsrecht“. [60]

---

[59] vgl. Kürscher-Pelkmann et al. in Lozán (2005:S.366)
[60] vgl. Bär et al. in Lozán (2004:S.:349)

Literaturliste

Bericht der Arbeitsgruppe II des Zwischenstaatlichen Ausschusses für Klimaänderung (Intergovernmental Panel on Climate Change, IPCC) 2001
Unter: http://www.ipcc.ch/pub/nonun/IPCC02_WG2_D.pdf (13.04.06)

Dolin P. J. et al. (1997): Reduction of trachoma in a sub-Saharan village in absence of a disease control programme. In: The Lancet 1997; 349: S.1511-1512

Emerging Issues in Water and Infectious Disease. World Health Organisation 2003.
unter: http://www.who.int/water_sanitation_health/emerging/emerging.pdf (18.04.06)

Hannah Kuper et al. (2003): A critical review of the SAFE strategy for the prevention of blinding trachoma. In: The Lancet. Infectious Diseases 2003; 3:S.372-381

Klaus, Dieter (2000): Der globale Wasserkreislauf und seine Beeinflussung durch den Menschen: Möglichkeiten zur Fernerkundungs-Detektion und -Verifikation.
- Jülich

Liebscher Hans-Jürgen (2004): Potenzielle und aktuelle Wasserkonflikte in grenzüberschreitenden Flussgebieten. In: Hydrologie und Wasserbewirtschaftung, 48,2 (2004), S. 71-79

Mary H. Ward (2005): Workgroup report: Drinking-water nitrate and health--recent findings and research needs. In: Environmental Health Perspectives Volume 113, Number 11, November 2005 S.1607-1614

McMichael, Anthony J. et al.(1996): Climate Change And Human Health: An assessment prepared by a Task Group on behalf of the World Health Organization, the World Meteorological Organization and the United Nations Environment Programme. - Geneva

Patz, Jonathan; Kovats, R Sari (2002): Hotspots in climate change and human health. In: British Medical Journal 2002;325:S.1094-1098

Qadri, Firdausi et al. (2005): Enterotoxigenic Escherichia coli and Vibrio cholerae Diarrhea, Bangladesh, 2004. In: Emerging Infectious Diseases Vol. 11, No. 7, July 2005

René Létolle & Monique Mainguet (1996): Der Aralsee : eine ökologische Katastrophe /. - Berlin ; Heidelberg

Serap Aksoy et al. (1995): The GAP Project in Southeastern Turkey: The Potential for Emergence of Diseases In: Emerging Infectious Diseases Vol. 1, No. 2, April-June 1995

Schistosomiasis. World Health Organisation. Fact Sheet N° 115; Mai 1996
unter: http://www.who.int/mediacentre/factsheets/fs115/en/ (15.04.06)

Steffen, William et al. (2003): Global change and the earth system: A planet under pressure. - Berlin ; Heidelberg

Thapar, Nikhil; Sanderson, Ian R. (2004): Diarrhoea in children: an interface between developing and developed countries. In: The Lancet 2004; 363:S.641-653

Umweltdaten zu ausgewählten Ländern in Mittel- und Osteuropa Endbericht. Hrsg: Österreichische Gesellschaft für Umwelt und Technik (ÖGUT) in Zusammenarbeit mit der Wirtschaftskammer Österreich (WKÖ), Umweltpolitische Abteilung Juni 2001 Unter: http://wko.at/up/enet/euerweiterungumweltdatenstudie.pdf (02.05.06)

Useful information on Schistosomiasis and STH
unter: http://www.who.int/wormcontrol/statistics/useful_info/en/ (15.04.06)

Warnsignal Klima: genug Wasser für alle? wissenschaftliche Fakten. Hrsg.: José L. Lozán - Hamburg 2005

Wasser nicht als Grundrecht verankert. Neue Züricher Zeitung Online 22. März 2006, 22:49Uhr unter: http://www.nzz.ch/2006/03/22/al/newzzEL46PJFZ-12.html (03.05.06)

Wissenschaftlicher Beirat der Bundesregierung Globale Umweltveränderungen (1997): Welt im Wandel: Wege zu einem nachhaltigen Umgang mit Süßwasser - Berlin ; Heidelberg 1997
Unter: http://www.wbgu.de/wbgu_jg1997.pdf (13.04.06)

Wolff, Peter (2003): Que vadis freshwater? Remarks on the „International Year of Freshwater 2003“. In Journal of Agriculture and Rural Development in the Tropics and Subtropics Volume 104, No. 1, S.1-14 2003

Bildernachweis Titelblatt :

Ergänzung der geographischen Verbreitung und weitere Informationen der „Water-related diseases“

Auszüge teilweise gekürzt aus www.med1.de wiedergegeben!

1. *Faecal-oral diseases* (Fäkal-Orale Krankheiten)

Cholera:

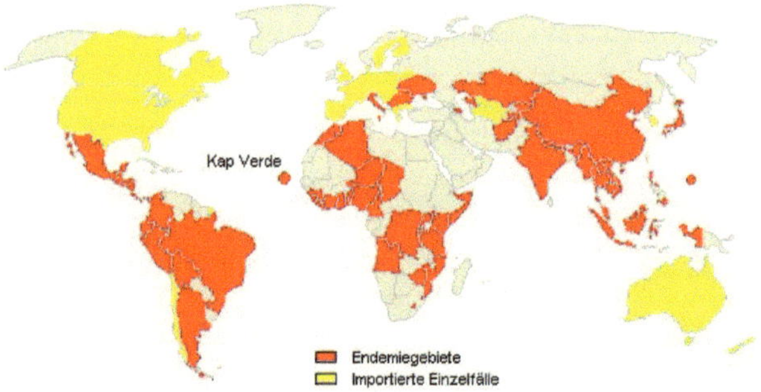

Infektionsart: Bakterielle Infektion;

Erreger: Vibrio cholerae, Vibrio cholerae O 1, Biovar El-Tor, Serotypen Inaba und Ogawa; aktuell in S- und SO-Asien von Nepal bis Malaysia auch V. cholerae O 139.

Vorkommen: Überwiegend in Südostasien, auch in Zentralasien und Pazifikbereich, seit 1970 in Afrika (Biovar El-Tor). 1990 Ausbruch einer Epidemie von Peru ausgehend, Verbreitung 1991 über Ecuador, Kolumbien, Mexiko und Nicaragua. 1991 ca. 570.000 Cholera-Erkrankungen weltweit, davon ca. 70% in Süd- und Mittelamerika.

Übertragung: oral, durch infizierte Nahrungsmittel (roher Fisch, Meeresfrüchte) sowie durch mit Ausscheidungen infiziertes Trinkwasser, selten durch Schmierinfektion.

Symtome: Nach Inkubationszeit von einigen Stunden bis zu 10 Tagen (meist 2-3 Tage) durch das im Dünndarm gebildete Enterotoxin (Darmgift) Hypersekretion und Hypermobilität mit hohen Wasser- und Elektrolytverlusten (bis zu 30 Reiswasserstühle/Tag). Folgen sind Kreislaufsymptome, Exsikkose (Austrocknung), Hypoglykämie (Unterzuckerung), Schock, Urämie (Nierenversagen), Koma. Ohne Therapie Letalität (Sterblichkeit) 20-70%, bei Therapie, günstige Prognose (<1%). Viele Infizierte bleiben auch symptomlos.

Prophylaxe: Sorgfältige Hygiene, kein Verzehr von ungeschälten Früchten, keine roher Salat oder Gemüse, kein roher Fisch/Schalentiere. Trinkwasser immer Abkochen, Vorsicht bei Speiseeis! Meiden von Epidemiegebieten. Meiden von Bereichen mit schlechter Sanitärhygiene in Endemiegebieten.

Quelle: www.med1.de

Typhus:

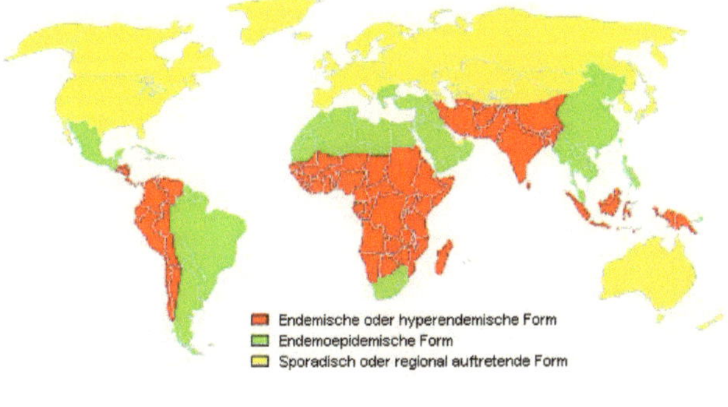

Weitere Bezeichnungen: Typhoid fever, Febris typhoides, typhöse Salmonellose,

Infektionsart: Bakterielle Infektion;

Erreger: Salmonella typhi, S. schottmuelleri (= S. paratyphi B), und weitere Serotypen.

Vorkommen: Weltweites Vorkommen

Übertragung: Übertragung oral indirekt über infizierte Nahrungmittel (Wasser, Milch u.a.) vor allem in Ländern der 3. Welt; direkt ano-oral bzw. fäkal-oral (vom Stuhlgang zum Mund) zwischen erkrankten Menschen (Schmierinfektionen bei Menschen im akutem Krankheitsstadium sowie bei Darmausscheidern, Reservoir ist Gallenblase bzw. Dünndarm).

Symptome: Nach Inkubationszeit von 1-3 Wochen allgemeines Krankheitsgefühl, langsamer stufenweiser Temperaturanstieg mit stabilem Fieber bei 40°C, oft über 1 bis 2 Wochen. Leukopenie, Roseolen der Bauchhaut, zu Beginn Obstipation (Verstopfung), dann Diarrhöen. Komplikationen können sein: ZNS-Symptomatik(zentrales Nervensystem) bis zu Hirnödem, Darmblutungen und -perforation, Peritonitis, Myokarditis, Cholezystitis. Ohne Therapie liegt die Letalität bei bis zu 15%, mit Behandlung bei 1-2%. Nach Erkrankung jahrelange Immunität möglich.

Prophylaxe: Allgemeine hygienische Maßnahmen, Lebensmittelhygiene (Kontrolle nicht nur der Lebensmittel, sondern auch der Futtermittel), Meiden von Gebieten mit ungenügender Wasseraufbereitungs- und Abwasserhygiene, Impfungen

Quelle: www.med1.de

Amöbenruhr (Amöbiasis) :

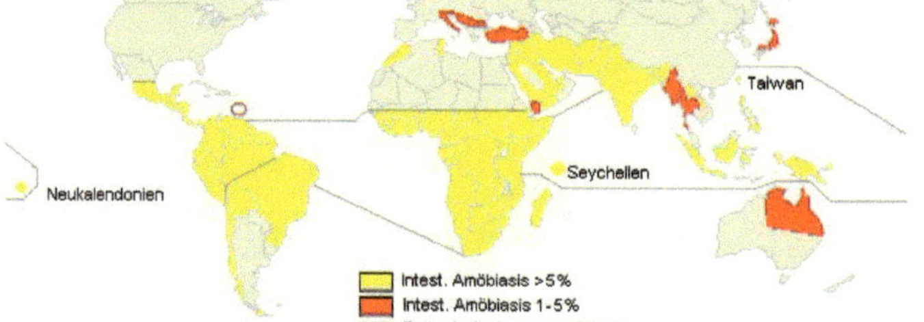

Infektionsart: Protozoen-Infektion (Amöben)

Erreger: Entamoeba histolytica

Vorkommen: Weltweite Verbreitung, in südlichen Ländern jedoch weitaus häufiger. Prävalenz insgesamt ca. 12% oder 480 Mio. Menschen. Inzidenz nach Schätzungen bis ca. 50 Mio./Jahr, ca. 40000 Todesfälle/Jahr. Erhebliche regionale Unterschiede mit Begünstigung der Verbreitung durch schlechte hygienische Verhältnisse. Hyperendemische Gebiete sind: afrikanische Westküste, Ovamboland (Namibia), Umland von Luanda, Durban, Maputo, Beira, Daressalam, Küste Nordbrasiliens, Haiti, Großstädte Mexikos, Slums in Indien, Feuchtgebiete in Bangladesh, Birma, Thailand, Vietnam, Malaysia.

Übertragung: Übertragung oral durch verunreinigte Nahrung, Trinkwasser, durch Schmierinfektion u. zwischenmenschlichen Kontakt. Durch Ausscheider jahrzehntelanges Überleben der Parasiten möglich.

Symptome: Inkubationszeit wenige Tage bis Jahre (meist 2-4 Wochen).
2 Erkrankungsformen:

1)Darminvasion ohne Befall anderer Gewebe - meist symptomlos.

2)Intestinale (Darm) invasive Form mit intestinalen und extraintestinalen weiteren Komplikationen. Weiterentwicklung der Amöben-Zysten im Dickdarmlumen und Vermehrung durch Teilung und Ausscheidung mit dem Stuhl. Übergang der sogenannten Minutaform zur invasiven Magnaform. Dann Obstipation oder leichter Durchfall, kein Fieber, schwerer Durchfall durch bakterielle Superinfektionen.

Prophylaxe: Abkochen oder Filtern von Trinkwasser, Vorsicht bei ungeschältem Obst und Salat, allgemeine Hygienemaßnahmen.

Quelle: www.med1.de

2. ***Strictly water-washed diseases*** **(Krankheiten durch mangelnde Hygiene)**

Bindehautentzündung (Trachom)

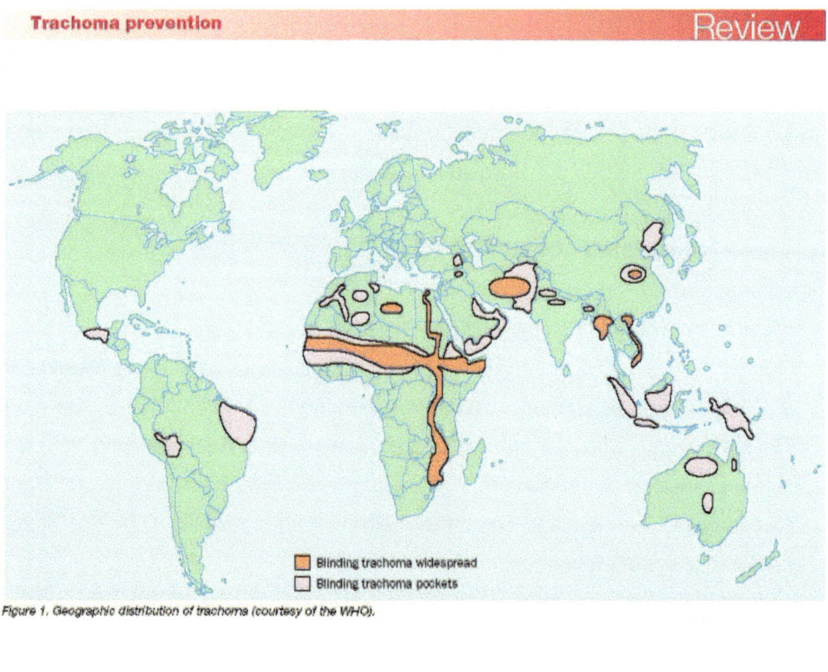

Figure 1. Geographic distribution of trachoma (courtesy of the WHO).

Infektionsart: bakteriell

Erreger: Chlamydia trachomatis

Vorkommen: Das Trachom tritt nahezu ausschließlich in tropischen Ländern mit mangelhaften hygienischen Verhältnissen auf. Es stellt weltweit die häufigste Augenkrankheit und die zweithäufigste Ursache einer Erblindung dar. Es wird angenommen, dass etwa 150 Millionen Menschen infiziert sind, von denen es bei etwa 6 Millionen zu einer Erblindung gekommen ist. In Deutschland wurden 1998 zwei und 1999 drei an Trachom erkrankte Personen durch Meldung erfasst.

Übertragung: Erreger kann durch infektiöses Augensekret (Fliegen und Schmierinfektionen) und durch die Hände übertragen werden.

Symtome Die Erstinfektion erfolgt meist im Kindesalter und verursacht eine chronische Infektion mit follikulärer Keratokonjunktivitis (Bindehautentzündung). Häufig treten Reinfektionen und bakterielle Superinfektionen auf. Im Endstadium kommt es zu Vernarbungen, Gefäßeinsprossungen, und Erblindung.

Prophylaxe: SAFE-Strategie im Global Programme for the Elimination of Trachoma der
WHO:
S - Surgery, d.h. die Oberlidchirurgie bei Trichiasis und Entropium,
A - Antibiotika, d.h. lokale oder systemische Antibiotikatherapie,
F - Facial cleanliness, d.h. Waschen des Gesichtes zur Säuberung von Sekret (Eindämmung der Schmierinfektion und Eindämmung der Übertragung durch Fliegen),
E - Enviromental Improvement im Sinne einer generellen Verbesserung der Haus- und Dorfhygiene, z.B. durch Latrinenbau, Wasserversorgung und Abfallbeseitigung.

Quelle: www.rki.de & Karte: Hannah Kuper et al. (2003): A critical review of the SAFE strategy for the prevention of blinding trachoma. In: The Lancet. Infectious Diseases 2003; 3:S.373

3. *Water-based disease* (Krankheiten durch Organismen des aquatischen Systems)

Die 4 Arten der Schistosomiasis (Bilhaziose)

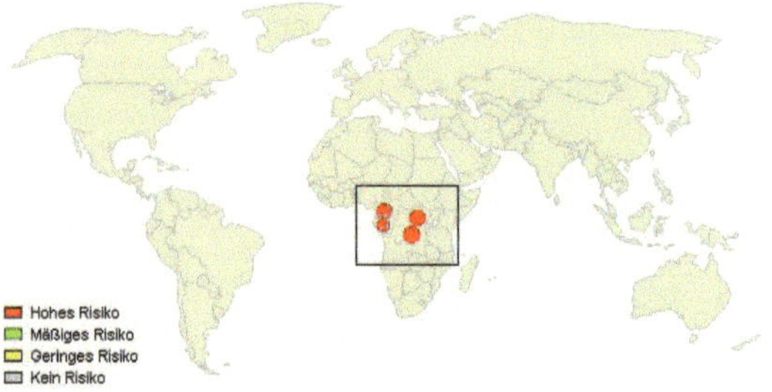

Infektionsart: Parasitose (Parasiten)

Erreger: Schistosoma intercalatum

Vorkommen: Regional in West- und Zentralafrika (Kamerun, Kongo, Zentralafrikanische Republik). Erkrankungszahlen sind unbekannt.

Übertragung: perkutan (über die Haut) durch Kontakt mit Zerkarien-haltigem Wasser. Zerkarien sind Schwanzlarven der Trematoden, die sich im 1. Zwischenwirt (Schnecke) entwickeln. Der adulte Wurm entwickelt sich im 2. Zwischenwirt (Mensch).

Symtome: Häufig keine Beschwerden. Bei massiver Infektion nach Inkubationszeit von 3-4 Monaten im Dickdarm granulomatöse Reaktionen, ulzeröse hämorrhagische Kolitis, Polyposis, in seltenen Fällen Kolonkarzinom.

Prophylaxe: Meiden von träge fließendem Süßwasser, kein Baden und Fischen dort; schnelles Abtrocknen, Gummistiefel, Wasser Abkochen, Bekämpfung der Zwischenwirte.

Schistosomiasis

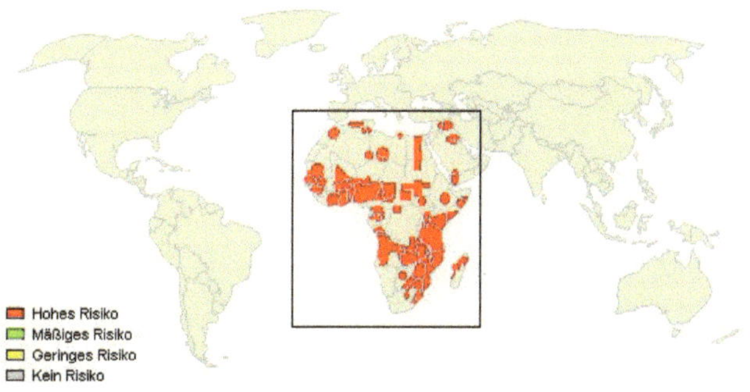

Weitere Bezeichnungen: Harnwegs-Schistosomiasis, Blasenbilharziose, Adernegel-, Pärchenegel-Befall, Urogenitalbilharziose

Infektionsart: siehe oben

Erreger: Schistosoma haematobium

Vorkommen: Weitverbreitet in Afrika sowie Südwestasien, einzelne Herde in Indien. Nach Schätzungen sind ca. 90 Mio. Menschen von diesen Parasiten befallen.

Übertragung: siehe oben

Symtome: Präpatenzzeit 10-12 Wochen. Initial Zerkariendermatitis, Juckreiz danach gelegentlich akutes Krankheitsstadium mit Fieber (Katayama-Syndrom) für 1 bis 2 Wochen. Nach Inkubationszeit von 3-6 Monaten chronische Zystitis, (typisch terminale) Hämaturie, Ureterstenosierung, Hydronephrose, Blasenkarzinom möglich. Bei Befall der Lunge Endarteriitis, Pseudotuberkel, pulmonale Hypertension. Bei leichter Infektion oft subklinischer Verlauf.

Prophylaxe: siehe oben

Schistosomiasis

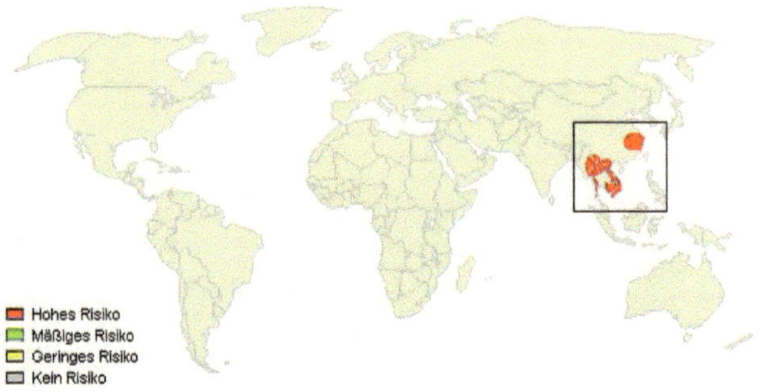

Weitere Bezeichnungen: Darm- oder Intestinalbilharziose, Ostasiatische Schistosomiasis

Infektionsart: siehe oben

Erreger: Schistosoma japonicum

Vorkommen: In China, Laos, Kambodscha, Thailand, Philippinen. Nach Schätzungen sind ca. 5-10 Mio. Menschen von diesen Parasiten befallen. Größtenteils in China und den Philippinen.

Übertragung: siehe oben

Symtome: Präpatenzzeit 3-10 Wochen. Nach Inkubationszeit von 3 Wochen bis zu 30 Jahren kommt es in ca. 20% der Infektionen zu klinischen Symptomen. Zu Beginn häufig Katayama-Fieber mit Erythem, blutigen Durchfällen und Abmagerung, Milz- und Lebervergrößerung, portale Hypertonie bei 10% der Befallenen, Hypersplenismus, Panzytopenie; Lungenmanifestation mit pulmonaler Hypertonie möglich. Zerebrale Symptome durch Eiablagerung und Granulombildung im Gehirn bei 1-4%. Tod meist durch Kachexie und Sekundärinfektionen.

Prophylaxe: siehe oben

Schistosomiasis

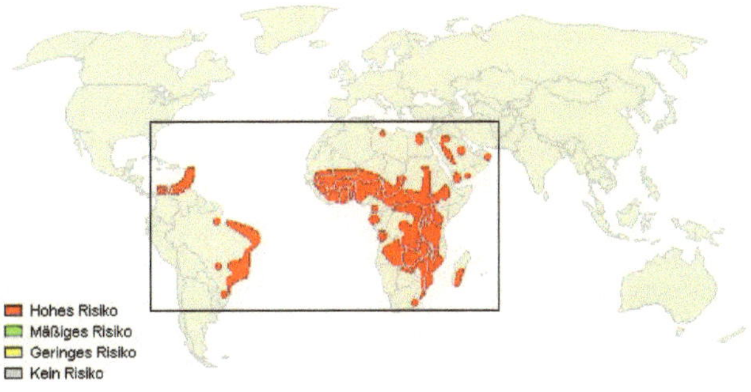

Weitere Bezeichnungen: Darm- oder Intestinalbilharziose, Hepatolienale Schistosomiasis, Adernegel-, Pärchenegel-Befall

Infektionsart: siehe oben

Erreger: Schistosoma mansoni

Vorkommen: In Afrika, Zentral- und Südamerika. Nach Schätzungen sind 100 Mio. Menschen von den Parasiten befallen. 50% der Erkrankungen kommen im Sudan, Zaire und Brasilien vor.

Übertragung: siehe oben

Symtome: Präpatenzzeit: 6-9 Wochen. Nach Inkubationszeit von Wochen bis Jahren initial Dermatitis und Fieber, intestinal und hepatolienal typische Granulombildung (Pseudotuberkel), bei massivem Befall Papillomatose, Polypenbildung, Pseudo-Tumorbildung, blutige Stühle und Diarrhöen. Leber-/Milzvergrößerung, Zirrhose, Pfortaderhypertonie. Zerebrospinale Aussaat möglich mit entsprechenden Herderscheinungen bis zur Querschnittlähmung. Bei geringem Befall subklinischer Verlauf, lediglich mit initial Dermatitis und Fieber.

Prophylaxe: siehe oben

Quelle: www.med1.de

Drakunkulose

Weitere Bezeichnungen: Drachenwurm-, Medinawurm-, Guineawurm-Befall

Infektionsart: Parasitose, Nematodeninfestation

Erreger: Dracunculus medinensis (Wurm bis 120 cm Länge)

Vorkommen: West-, Zentral-, auch Ostafrika, Südwest- und Südzentralasien, westliches Indien. Kleinere Endemiegebiete in Pakistan, Iran, Irak, Saudi-Arabien, Jemen. Nach Schätzungen 4 Mill. Erkrankungen/Jahr. In Endemiegebieten Prävalenz von 5-20%. Verschleppung durch Wanderarbeiter. Häufigste Erkrankungen in Regenzeiten od. bei der Ernte in Feuchtgebieten. Drastischer Rückgang der Inzidenz auf ca. 130.000 Fälle 1995, allein in Sudan 1996 bisher 55.010 Fälle.

Übertragung: Oral, durch mit Wurmlarven infiziertes Wasser.

Symtome: Nach Präpatenz- und Inkubationszeit von bis zu einem Jahr lokal und entlang der Wanderung des weiblichen Wurmes im subkutanen Bindegewebe des Unterschenkels allergische oder allgemeine Erscheinungen. Entzündungen, Blasenbildung, Ulkus u. Gefahr der Abszeßbildung oder Phlegmone sekundärer Infektion (Tetanus!) oder unvollständiger Extraktion des Wurmes. Überleben des Wurmes im Gewebe bis zu 15 Jahre möglich.

Prophylaxe: Abkochen bzw. Filtrieren des Trinkwassers, kontrollierte Trinkwasseranlagen.

Quelle: www.med1.de

4. ***Diseases spread by water-related insect vectors*** **(Krankheiten die durch in Gewässernähe lebende Insekten verbreitet werden)**

Malaria

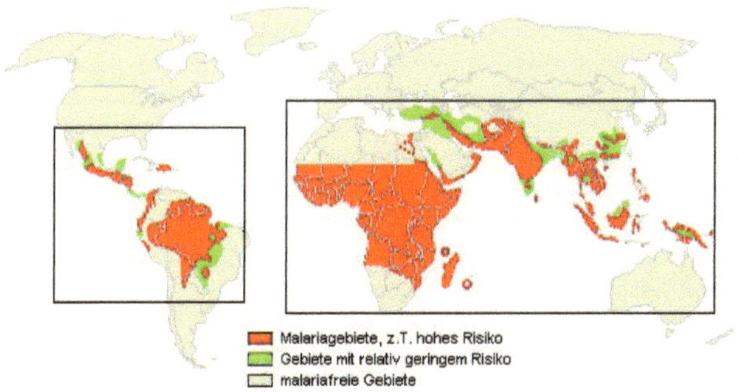

Weitere Namen: Rückfall-, Wechsel-, Sumpffieber; Malaria tropica, Malaria tertiana, Malaria quartana

Infektionsart: Protozoen-Infektion

Erreger: Plasmodium falciparum (Malaria tropica), Plasmodium vivax, ovale (Malaria tertiana), Plasmodium malariae (Malaria quartana, heute seltenste Form)

Die Malaria war und ist eine der schwersten und gefährlichsten Krankheiten. Experten haben ausgerechnet, dass in der Geschichte der Menschheit mehr Menschen an Malaria starben, als an jeder anderen Krankheit. Erschreckend sind die auch aktuellen Zahlen. Weltweit erkranken jedes Jahr zwischen 1,5 und 2,7 Millionen Menschen neu an Malaria, Zigtausende sterben. Allein in Deutschland sterben etwa 10 bis 15 Menschen pro Jahr. Die Erkrankungszahlen in Deutschland steigen seit Jahren an. In 1996 wurden erstmals über 1.000 Malariafälle in Deutschland registriert. Leider sind die Zahlen seitdem weiter ansteigend. Auch der Anteil mit tödlichem Verlauf hat sich fast verdoppelt (4 %).

Vorkommen: Weltweit in den Tropen und z.T. auch Subtropen unterhalb 2000 m Höhe. Ca. 200 Mio. Erkrankungen/Jahr und 1 Mio. Todesfälle. Durch Reisende oder verschleppte infizierte Anophelesmücken "Airport-Malaria". Endemische Vorkommen in Europa auch im Donaudelta und Teilen der Türkei. Die meisten Infektionen stammten aus Zentralafrika, insbesondere Kenia. Aus Ghana und Gambia werden in letzter Zeit viele schwere Malariafälle nach Deutschland importiert. Südostasien spielt ebenfalls eine wichtige Rolle, aber auch aus anderen Ländern wird Malaria importiert.

Übertragung: durch Anopheles-Mücke. Import möglich: nicht-tropische Anopheles kann bei Reservoir (erkrankter Mensch) und entsprechender Außentemperatur auch Malaria übertragen.

Malariaformen

Malaria tropica: Nach Inkubationszeit von 1-2 Wochen uncharakteristischer Beginn, oft, aber nicht immer plötzlich hohes Fieber (Zerfall der von Plasmodien befallenen Erythrozyten) mit Schüttelfrost (kein typischer Fieberrhythmus! Atypischer Fieberverlauf durch Doppel- oder Mischinfektionen möglich!), Erbrechen, Benommenheit, Anämie, Ikterus, Leber- und Milzschwellung. Kann nach wenigen Tagen zum Tod führen. Bei Überstehen der Krankheit nach 9 bis 12 Monaten kein Rezidiv mehr.

Malaria tertiana: Schwerste Form der Malaria mit akuter Lebensgefahr. Nach Inkubationszeit von 2-3 Wochen oder länger zunächst uncharakteristische Temperaturerhöhung, anschließend alle 48 Stunden (Beginn des 3. Tages) Fieberanfälle von 40-41 °C und Schüttelfrost, nach mehreren Stunden Entfieberung. Atypischer Fieberverlauf durch Doppel- oder Mischinfektionen möglich. Bei länger dauernder Erkrankung Anämie und Splenomegalie (Milzvergrößerung). Rezidive (8 Mo. bis 2 Jahre) relativ häufig. Ausheilung spontan binnen 2 Jahren möglich.

Malaria quartana: Nach Inkubationszeit von 3 bis 7 Wochen oder länger allmählicher Krankheitsbeginn, dann Fieberanfälle alle 72 Stunden (Beginn des 4. Tages). Atypischer Fieberverlauf durch Doppel- oder Mischinfektion möglich. Hepatomegalie (Lebervergrößerung). Rekrudenz bis über 20 Jahre möglich. Sofern keine Nierenbeteiligung vorliegt, ist die Prognose günstig. Es sind Inkubationszeiten von über einem Jahr möglich.

Symptome: Malariasymptome sind Fieber, schweres Krankheitsgefühl, Kopf- und Gliederschmerzen, Schüttelfrost und anderes mehr. Die Inkubationszeit beträgt zwischen sieben Tagen und mehreren Monaten. Durch die Krankheitserscheinungen kann die Diagnose "Malaria" weder sichergestellt noch ausgeschlossen werden. Dies ist nur durch den Nachweis von Parasiten im Blut möglich.

Filariose

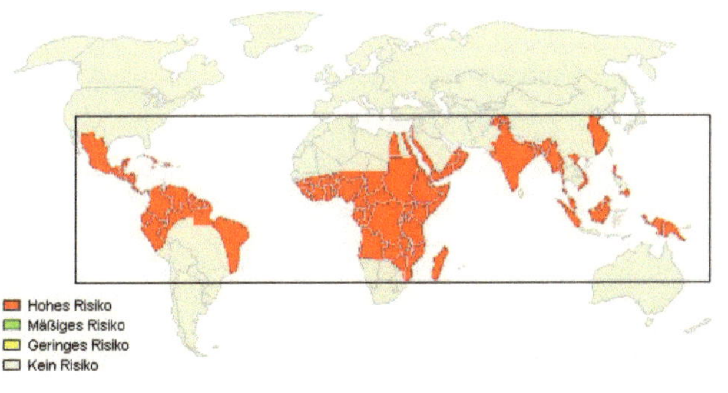

Weitere Bezeichnungen: Lymphatische Filariose, Wuchereriase, Filariasis bancrofti, Wuchereria bancrofti-Filariose, Brugia malayi-Filariose, Brugiafilariose

Infektionsart: Parasitose, Nematodeninfestation

Erreger: Wuchereia bancrofti (männlicher Wurm bis 40 mm, weiblicher Wurm bis 100 mm lang), Brugia malayi, Brugia timori

Vorkommen: Wuchereria bancrofti: Zentral-, Südamerika, Afrika, Asien, Pazifikgebiete. Nach Schätzungen sind 90 Mio. Personen von diesen Parasiten befallen. Prävalenz in Endemiegebieten 5%. Brugia malayi: Südindien, SO-Asien, China bis Korea; Brugia timori: Timor und benachbarte Inseln.

Übertragung: Übertragung durch verschiedene Moskitoarten (Zwischenwirte) auf den Menschen. Infektion durch Stich und aktives Eindringen der Wurmlarven durch die Haut.

Sympomte: 1. Wuchereria bancrofti: Präpatenzzeit 7 Monate bis Jahre. Nach Inkubationszeit von 1 bis zu mehr als 12 Monaten Schmerzen, Schwellung und Rötung besonders an den Extremitäten und der Skrotalregion, Furunkulitis, Orchitis, Epididymitis, Lymphangitis, Lymphadenitis, Juckreiz und Fieber. Lymphabflußstauung (Parasiten leben im Lymphsystem des Menschen). Vorherrschend sind rezidivierende oder chronische entzündliche Veränderungen des Lymphsystems, Lymphödem, Hydrocele und Elephantiasis (zu 2%). Ausheilung spontan möglich; Sekundärinfektionen können lebensbedrohend sein.

Prophylaxe: Geeignete Kleidung, Mückenschutznetze, Meiden von Gewässern, Mückenschutz, Bekämpfung von Mücken und Larven.

Quelle: www.med1.de